MÉTHODE AXIOMATIQUE ET FORMALISME

Jean Cavaillès

MÉTHODE AXIOMATIQUE ET FORMALISME

Essai sur le problème du fondement des mathématiques

INTRODUCTION DE
Jean-Toussaint Desanti

PRÉFACE DE
Henri Cartan

HERMANN

Publié avec le concours du Centre national des lettres

ISBN 2 7056 5941 2

Souvenir de Jean Cavaillès

par

JEAN-TOUSSAINT DESANTI

En 1937 Jean Cavaillès soutient ses deux thèses : *Méthode axiomatique et formalisme* (thèse principale), *Remarques sur la formation de la théorie abstraite des ensembles* (thèse complémentaire).

Ces thèses marquaient en France à la fois un renouveau et une rupture. La logique mathématique n'avait pas eu de chance dans notre pays, entre les deux guerres. L. Couturat était mort en 1914 sans laisser de postérité. J. Herbrand avait disparu accidentellement, au seuil de la jeunesse, peu après la publication de sa thèse aujourd'hui classique : *Recherches sur la théorie de la démonstration* (1930). J. Herbrand était mathématicien, algébriste si je me souviens bien. La lecture du mémoire de Löwenheim l'avait inspiré et orienté vers des recherches « fondationnelles ». Mais son cas était exceptionnel à l'époque. Les mathématiciens français n'étaient pas spontanément portés vers ce genre de recherches, qu'ils avaient tendance, en ce temps, à considérer comme marginales, en dépit de la curiosité de beaucoup d'entre eux. Cependant cette curiosité ne les incitait pas à travailler comme mathématiciens dans un tel domaine.

Du côté des philosophes, les choses n'allaient pas mieux. L. Brunschvicg nous avait appris à déchiffrer, dans les œuvres de la Raison, les moments de sa constitution et de son progrès. Et il avait bien marqué, dans ce mouvement, le rôle privilégié des mathématiques. Mais ses intérêts philosophiques propres et la conception qu'il avait des racines de la rationalité mathématique l'avaient détourné de la logique mathématique. Tout le mouvement issu de B. Russell lui paraissait comme une excroissance parasitaire et quasi-monstrueuse qu'il tenait pour stérile. Pendant les quatre années (35-39) où nous avons suivi ses leçons, par ailleurs si riches, ingénieuses et stimulantes, jamais il n'a prononcé, par exemple, le nom de G. Frege. Ces thèmes étaient, par principe, exclus de son champ.

Il en allait tout autrement avec Cavaillès. Je le revois encore au tableau noir, avec son sourire. M. Merleau-Ponty l'avait remplacé à l'École Normale dans les fonctions de « caïman ». Et lui venait, depuis Amiens, « tapiriser » (comme nous disions) ceux d'entre nous qui le désiraient. Il ne faisait pas de cadeau. Il fallait le suivre et s'ajuster à sa concentration d'esprit. Il ne nous tenait pas de discours « à propos des mathématiques », ni « à propos de la logique ». Il nous faisait entrer dedans, avec lui. Il ne manifestait jamais d'impatience devant nos difficultés. Il nous suggérait seulement, par son gestuel même, que ni les mathématiques, ni la logique ne consistent en un discours qu'on écoute, que ce qui se passait dans la salle où nous nous trouvions, devant ce tableau noir, n'était qu'une incitation, et qu'il nous faudrait, tout aussitôt, recommencer par nous-mêmes. Sinon, autant en eût emporté le vent. Il n'exposait pas une « philosophie des mathématiques » qui eût livré sur l'objet une vue extérieure. Il s'efforçait de montrer l'objet lui-même, selon les exigences nécessaires de son mouvement de constitution. C'était difficile. Énigmatique parfois. Bienheureuse énigme qui nous sollicitait et nous arrachait à nos habituelles rhétoriques d'apprentis philosophes.

Et maintenant que je relis ces textes écrits voici plus de quarante ans, c'est ce même Cavaillès que je retrouve. Tout entier pris dans l'exigence de son objet; entièrement fidèle à sa nécessité; *noèsis noèseôs* en un certain sens : pensée de ce que la mathématique produit d'explicite selon ses enchaînements. Ou encore, comme il aimait à dire, lui qui se voulait spinoziste, « idée de l'idée », réflexion interne au mouvement de l'objet même, sans fioriture, ni adjonction. C'était un parti-pris, bien sûr. Mais il était l'expression d'une exigence de rigueur. Une rigueur modeste. Le « philosophe », qui pouvait par ailleurs, comme on dit, « avoir ses idées », devait s'effacer devant son objet. Ce qui entraînait toute une ascèse : il lui fallait apprendre à s'astreindre à ne pouvoir parler que du dedans; à suivre pas à pas l'enchaînement des procédures de constitution des théories, à demeurer du même coup attentivement sensible à leurs exigences de surgissement, à la forme chaque fois spécifique de leur devenir.

Je suis bien incapable de dire quelle philosophie des mathématiques nous eut donné Cavaillès, si les nazis ne l'avaient tué au début de son âge mûr. Mais sans doute, les textes qu'il nous a laissés en eussent constitué la nécessaire origine, quelque chose comme un germe qu'il eût déployé. C'est seulement ce germe (hélas !) que je peux maintenant m'efforcer d'évoquer. Ce germe est assez riche déjà et, partiellement, assez explicite pour qu'on puisse y déceler des problèmes, y distinguer des concepts, y discerner des refus, et voir s'y dessiner l'indication d'un programme.

Son souci a toujours été de saisir, dans leur autonomie, les gestes constructeurs de la mathématique effective. Aussi a-t-il toujours refusé d'importer dans ses démarches les points de vue ou les méthodes que lui eût inspiré une philosophie toute faite. Il n'était ni platonicien, ni kantien, ni empiriste. Il mesurait l'inadéquation de ces philosophes aux exigences propres de la pensée mathématicienne, qu'il entendait prendre dans son concret, c'est-à-dire dans l'enchaînement des contenus théoriques qu'elle produisait. Il ne voyait pas dans les mathématiques, dans la construction de leurs structures, l'incarnation et l'explicitation d'une dialectique éternelle. Pour lui il n'y avait pas lieu de chercher, dans quelque ciel intelligible, la garantie fondatrice et l'assurance de la vérité. Les mathématiques n'ont pas de modèle éternel. Elles ne répondent de leur vérité que devant elles-mêmes, sans autre assurance que celle que produisent les enchaînements démonstratifs, sans autre nécessité que celle qu'exprime leur développement interne. Ce souci de respecter le statut spécifique du « mathématique », l'éloignait tout autant de l'empirisme que des philosophies du sujet. Contre Kant il affirmait le primat de la démonstration sur l'intuition, fût-elle « formelle ». Contre Husserl (du moins le Husserl de *Logique formelle et logique transcendantale*) il soulignait fortement les difficultés de toute genèse transcendantale de la mathématique prenant racine dans un champ d'évidences offert en original à une conscience. A ses yeux une « philosophie de la conscience » était impuissante à constituer une théorie de la science. On ne peut faire leur part ni à la démonstration ni à la logique. Logicien, il ne fut pas pour cela logiciste, à la façon de Bolzano ou de Frege. Pour lui les mathématiques sont trop riches et trop engagées dans les exigences de leur propre devenir pour qu'on puisse espérer en dresser l'édifice et en fixer le dessin selon une syntaxe qui ne devrait ses procédures qu'à la seule logique. C'était « l'expérience mathématique » qu'il voulait saisir, en son mouvement nécessaire de constitution, et en elle, consubstantielle à cette nécessité, la logique même.

C'est là peut-être le sens de la phrase énigmatique qui termine son ouvrage posthume *Sur la logique et la théorie de la science*. « Seule une philosophie du concept peut constituer une théorie de la science». Et il précisait « une dialectique ». Ce n'est pas à Hegel, dont il se défiait, qu'il pensait en écrivant ces mots. Mais sans doute au chemin, raide et étroit, sur lequel il se mouvait et qu'il lui fallait suivre; cette interdiction d'importer dans le champ mathématique quoi que ce soit d'extérieur; cette fidélité au mouvement constructeur; cette libre nécessité, à laquelle il ne pouvait faire autrement que s'astreindre, et qu'il cherchait, au plus près du geste producteur, à ressaisir dans son devenir propre, dans l'irréductible enchaînement de ses tracés.

Voici plus de quarante ans maintenant que ces textes ont été écrits. Le matériau mathématique et logique dont ils traitent est ancien. Et certains diront « c'est là de la préhistoire ». Et de fait si l'on cherche un exposé en forme de la Théorie des Ensembles, pour en apprendre les éléments, ce n'est certes pas l'ouvrage de Cavaillès qui convient. Il ne manque pas aujourd'hui d'excellents manuels pour cet apprentissage. Il en va de même pour la Logique. Mais la chose est sans importance, pour ce qui regarde la portée de l'œuvre de Cavaillès. Ce n'est pas le matériau qui compte, mais la façon dont Cavaillès l'a pensé, la manière dont il a accompagné une certaine mathématique en train de se faire, ce chemin où il s'est engagé : la voie étroite du concept. On ne peut que regretter amèrement qu'il ne soit plus parmi nous pour accompagner, selon ses exigences, la mathématique qui se fait sous nos yeux.

JEAN-TOUSSAINT DESANTI

Préface de la deuxième édition

par

HENRI CARTAN

Il y a plus de quarante ans que Jean Cavaillès écrivit son ouvrage Méthode axiomatique et formalisme. *Depuis cette époque, la logique a beaucoup évolué et, de leur côté, les mathématiques ont connu de spectaculaires et souvent imprévisibles développements, tant par l'introduction de nouveaux concepts que par la solution de problèmes longtemps irrésolus (les premiers ont d'ailleurs souvent aidé à résoudre les seconds).*

Cependant, les réflexions du jeune Cavaillès de 1937 n'ont nullement perdu de leur intérêt aujourd'hui : elles nous aident à faire le point sur l'histoire de l'évolution des idées à une époque qui fut fertile en controverses. Cavaillès était peut-être le seul qui fût alors capable de dresser un tableau d'ensemble de cette évolution puisqu'il alliait à sa culture philosophique une solide formation mathématique ; il avait aussi pris la peine d'étudier les travaux des logiciens et d'en assimiler la substance.

Cet « essai sur le fondement des mathématiques » a été motivé (l'auteur le dit lui-même dès les premières lignes des 40 pages de son « Introduction ») par la crise de la théorie des ensembles. Les jeunes mathématiciens d'aujourd'hui ne soupçonnent sans doute pas l'ampleur qu'elle avait prise dans les deux premières décennies du siècle. Avec le recul du temps, les querelles qui opposèrent alors entre eux quelques mathématiciens, et non des moindres, sur le fondement même et sur l'objet de leur science paraissent aujourd'hui bien dépassées. C'est d'ailleurs ce que pressentait déjà Cavaillès, puisqu'à la fin de la conclusion de son livre il exprime l'idée qu'il y a eu « sans doute pas mal d'exagération dans les difficultés de la théorie des ensembles : réellement il n'y a, semble-t-il, que celles qui proviennent du mélange entre spéculation philosophique et raisonnements mathématiques et celles, normales, que provoquent les insuffisances techniques ». A cet égard, la vaste entreprise de Bourbaki, postérieure au livre de Cavaillès, est là pour montrer comment toutes les mathématiques d'aujourd'hui peuvent être construites sur une base cohérente. Telle est du moins, jusqu'à nouvel ordre, la conviction du mathématicien qui réfléchit à l'objet de sa recherche.

Il n'en était pas de même au moment où Baire, Borel, Hadamard et Lebesgue écrivirent leurs Cinq lettres sur la théorie des ensembles, *dont Cavaillès, dans son Introduction, nous donne une analyse fort pertinente et objective. Les années ont passé, et maintenant nous demeurons un peu confondus devant l'inconsistance des positions philosophiques de grands mathématiciens créateurs lorsqu'ils font réflexion sur l'objet même de leurs travaux, obsédés qu'ils étaient alors par les soi-disant « paradoxes » de la théorie des ensembles. Seul le point de vue défendu par Hadamard nous semble acceptable encore aujourd'hui.*

Tandis que la fin de l'Introduction de Cavaillès est consacrée à la présentation de l'intuitionnisme de Brouwer sous l'angle de ses relations avec le Kantisme, le Chapitre I nous donne un historique, au cours du dix-neuvième siècle, de l'évolution des idées des mathématiciens et des logiciens quant au rôle de la logique en mathématiques, notamment en ce qui concerne les tendances à la formalisation. Ce n'est qu'au Chapitre II qu'est vraiment abordée la question centrale de la méthode axiomatique selon Hilbert, méthode qui depuis lors a connu des succès spectaculaires en mathématique. Bien sûr on a renoncé aujourd'hui au rêve de Hilbert qui était de prouver la non-contradiction des systèmes d'axiomes utilisés, puisque déjà au moment où Cavaillès écrivait son livre on savait l'impossibilité de prouver la non-contradiction des axiomes de la théorie des ensembles proposés par Zermelo et Fraenkel. Ce que l'on a appris à faire, c'est prouver que si telle théorie est non-contradictoire, alors telle autre théorie est aussi non-contradictoire (par exemple l'adjonction aux axiomes de Zermelo-Fraenkel de l'hypothèse du continu ne rend contradictoire la théorie des ensembles que si elle était déjà contradictoire sans cette hypothèse). En fait, la méthode axiomatique est surtout considérée aujourd'hui par les mathématiciens comme un mode de présentation des théories mathématiques, permettant une économie de pensée ; elle fait partie de l'hygiène du mathématicien qui travaille. Bien entendu, il ne s'agit nullement de nier le rôle de l'intuition dans la création mathématique : ceci est une autre affaire.

Le Chapitre III a un caractère plus technique : notion de système formel, discussion des règles du formalisme logique selon les Principia

Mathematica, *fonction ε de Hilbert, théorie des types, etc. C'est au Chapitre IV, consacré aux démonstrations de non-contradiction, qu'intervient l'analyse des conséquences du fameux théorème de Gödel.*

La « Conclusion » du philosophe-mathématicien Cavaillès se déroule en une vingtaine de pages que chacun, qu'il soit mathématicien ou philosophe, prendra le plus grand intérêt à lire, quel que soit par ailleurs le jugement personnel vers lequel il incline.

Qu'il me soit permis, pour terminer, d'exprimer mes chaleureux remerciements au responsable des Editions scientifiques Hermann pour avoir compris tout l'intérêt scientifique et philosophique qui s'attache à la réédition de cet ouvrage classique de Jean Cavaillès. Que cette réédition soit aussi une occasion de rendre hommage au philosophe-résistant qui sut mettre ses actes en accord avec ses convictions et n'hésita pas à sacrifier sa vie à la défense des valeurs auxquelles il croyait.

Juillet 1981 HENRI CARTAN

Introduction

Le problème du fondement des mathématiques n'a pris toute son importance qu'avec la crise de la théorie des ensembles. Qu'était-ce jusque-là que fonder sinon choisir entre types distincts d'évidence, avantager telle démarche par rapport à telle autre ou situer l'activité mathématique tout entière par rapport aux autres activités de la conscience ? Mais la validité même des résultats, la structure interne de l'édifice n'étaient pas mises en question. Avec les paradoxes découverts entre 1890 et 1904, c'est au contraire à un danger menaçant la technique qu'il faut parer : la théorie des ensembles, née du tronc commun avec la même nécessité naturelle que les autres théories, n'utilisait pour son développement que les instruments normaux des mathématiques classiques. Inversement ses résultats se révélaient chaque jour plus précieux en analyse et dans les domaines voisins. Pouvait-on rompre cette double solidarité, isoler des régions incertaines une sorte de zone centrale où les robustes méthodes traditionnelles conservent une évidence concrète incontestable ? La tentative était aussi difficile à réaliser techniquement que peu satisfaisante pour l'esprit. Ainsi l'élimination du transfini par l'exigence que toutes les définitions d'objets soient effectuables au moyen d'un nombre fini de mots conduisait directement au paradoxe de RICHARD [1]. Quant aux remèdes localisés à la théorie, ils ne pouvaient être, en tant que localisés, qu'inopérants puisque d'une part ils rompaient les passages et que d'autre part les méthodes qu'ils amendaient se trouvaient ailleurs déjà en action. D'où la nécessité d'une reconstruction de l'édifice entier : dès le continu apparaissent les difficultés ; c'est par une théorie du continu, matière commune pour l'engendrement des objets mathématiques, qu'il importait de commencer.

En France, après les théories de POINCARÉ, et sans doute sous leur influence, semble prédominer un courant empiriste. Dans les *Cinq lettres sur la théorie des ensembles*, HADAMARD est le seul à affirmer que l'existence des objets mathématiques est indépendante de nos moyens de les atteindre, position platonicienne dont il ne déduit d'ailleurs pas de solution pour le problème technique posé. En revanche, les analystes, militant dans la théorie concrète des ensembles, qu'ils développent au point d'en être de nouveaux créateurs, BAIRE, BOREL, LEBESGUE, sont tous empiristes. Il s'agit pour eux de leur travail même : loin de toute spéculation ils veulent fixer quels objets, quelles méthodes ils auront droit de considérer sans risque de se heurter à une contradiction.

Or, la première contradiction — et la source des autres puisqu'aucun critère de vérité ne subsiste — est de raisonner dans le vide. « Je ne comprends pas, s'écrie BOREL, le

---

(1) Si on considère toutes les fractions décimales dont la définition la plus courte ne réclame qu'un nombre fini de signes il est possible de les classer d'après ce nombre minimum N. A chaque N correspond ainsi un nombre fini de fractions décimales : on peut donc ranger toutes les fractions décimales jouissant de la propriété en une suite ordonnée

$$a_1, \ a_2 \ldots \qquad (1)$$

Si on définit la fraction b par la condition que son premier chiffre soit égal à $1 +$ le premier chiffre de a_1, son $n^{ième}$ à $1 +$ le $n^{ième}$ chiffre de a_n, b ne peut appartenir à la suite (1) et cependant la définition précise qui vient d'en être donnée ne comporte qu'un nombre fini de signes (les caractères d'imprimerie employés).

point de vue des analystes qui croient pouvoir raisonner sur un individu déterminé mais non *défini* ; il y a là une contradiction dans les termes sur laquelle j'ai plusieurs fois insisté » ([1]). Mais qu'entend-on par définition d'un individu ? Ici intervient la notion d'intuition opposée au discours, caractéristique du système de BOREL. Il rejette toutes « les mathématiques verbales » ou « constructions logiques... dans lesquelles on jongle avec des symboles auxquels ne correspond aucune intuition » ([2]). Correspondent à une intuition d'une part le nombre entier, d'autre part le continu géométrique : c'est à partir d'eux et d'eux seulement que pourront être engendrés les objets mathématiques. L'engendrement est soumis au même contrôle : si la suite indéfinie des entiers est parfaitement claire, c'est-à-dire quelque chose que « chacun comprend et est assuré de comprendre... comme son voisin » ([2]), c'est qu'elle est fondée sur la proposition — résultat d'un acte effectif de l'esprit — : « après chaque entier il y en a un autre ». En revanche, la suite des ordinaux transfinis de la classe II (et *à fortiori* des classes supérieures) ([3]) ne fait pas partie des mathématiques réelles « car la proposition analogue : au delà de chaque suite indéfinie de fonctions croissantes il y en a une autre, ne suffit pas à nous donner une idée nette du transfini ». Il n'y

---

(1) E. BOREL (II), p. 92.

(2) BOREL (I), p. 181.

(3) Les nombres ordinaux transfinis dénotent d'après leur ordre les ensembles bien ordonnés, c'est-à-dire ordonnés de telle façon que chaque partie possède un premier élément : dans la classe II de CANTOR figurent ceux qui dénotent les ensembles dénombrables (c'est-à-dire coordonnables à la suite des entiers ; v. n. p. 9) ; ainsi ω pour l'ensemble

$$1, 2, 3... \quad , \quad \omega + 1 \text{ pour } 1, 2, 3..., 1, \text{etc...}$$

Ce ne sont, dit BOREL, « que des notations abrégées pour indiquer l'ordre dans lequel doivent être effectuées une infinité dénombrable d'opérations comportant une infinité dénombrable de passages à la limite successifs ou superposés » (BOREL (I), p. 231). Pour l'explication des notions de la théorie des ensembles utilisées ici nous renvoyons à J. CAVAILLÈS (III), dont le présent essai représente la continuation.

a pas de procédé régulier d'engendrement de tous les ordinaux : seuls ceux dont la définition est possible, c'est-à-dire une petite partie de la classe II pourront être utilisés. Mêmes amputations pour l'ensemble des nombres réels : si « la notion de continu est... acquise par l'intuition géométrique » (1), le continu arithmétique n'est qu'une notion négative, l'assurance que l'on pourra toujours calculer de nouvelles fractions décimales, quelle que soit l'infinité (régie par une loi) de celles que l'on peut considérer comme déjà calculées (par exemple toutes les fractions rationnelles). Mais n'existent que les *nombres calculables* : « un nombre α est calculable lorsque, étant donné un nombre entier quelconque, on sait obtenir un nombre rationnel qui diffère de α de moins de $\frac{1}{n}$ » (2). Ainsi s'évanouit le paradoxe de RICHARD : on ne peut considérer dans la suite (I) que « les nombres décimaux qui sont définis d'une manière précise et sans ambiguïté possible au moyen d'un nombre fini de mots ». Or, le nombre b ne jouit pas d'une telle définition puisqu'il faudrait « pour que b soit défini sans ambiguïté que la suite des a soit elle-même définie sans aucune ambiguïté possible. Or, ce n'est manifestement pas le cas pour la définition précédente, vu qu'il est douteux si le nombre b fait ou non partie de la suite des a ». A considérer les choses du point de vue empiriste — c'est-à-dire de ce qui est effectivement pensé derrière les mots, ou « des réalités observables » — on voit comme la « prétendue définition RICHARD ...est insuffisante ... Pour la mettre en œuvre en effet, il faudrait d'abord avoir résolu tous les problèmes mathématiques qui pourront jamais être posés : car parmi les définitions possibles, il en est qui supposent la solution de ces

(1) BOREL (I), p. 160.
(2) P. 161.

problèmes » (1). Ainsi l'ensemble des termes de la suite (I) n'est pas réalisable : il est dénombrable (2) (puisque partie de l'ensemble des combinaisons d'un nombre fini de signes) mais non *effectivement énumérable*, « c'est-à-dire qu'on ne peut pas indiquer, au moyen d'un nombre fini de mots, un procédé sûr pour attribuer sans ambiguïté un rang déterminé à chacun de ses membres ». A la distinction entre ensembles dénombrables et non dénombrables (ces derniers n'étant qu'une fiction verbale) il faut substituer la distinction entre ensembles dénombrables et effectivement énumérables. Les derniers se caractérisent par la propriété « qu'une partie aliquote d'un ensemble effectivement énumérable n'est pas nécessairement effectivement énumérable ». « Tous les prétendus paradoxes de la théorie des ensembles proviennent de ce qu'on a admis comme évidente la proposition... : tout ensemble dénombrable est effectivement énumérable. »

A partir de ces principes en effet une théorie des ensembles et une analyse incontestable se peuvent construire. On ne considérera comme fonctions réelles que les fonctions *calculables* : « une fonction est calculable lorsque sa valeur est calculable pour toute valeur calculable de la variable ». D'où la conséquence que toute fonction calculable est continue pour les valeurs calculables de la variable. La notion d'ensemble de points est déterminée par là même : un ensemble étant défini par la fonction caractéristique prenant

---

(1) BOREL (I), p. 164.

(2) On dit qu'un ensemble est dénombrable lorsqu'il est possible d'établir (sans que soit précisé comment) une correspondance biunivoque entre ses éléments et ceux de la suite des entiers. D'une façon générale la puissance d'un ensemble est le caractère qu'il a en commun avec tous les ensembles avec lesquels il peut être mis en correspondance biunivoque. Si un ensemble A a même puissance qu'une partie d'un autre B, la réciproque étant fausse, on dit que la puissance de A est $<$ celle de B. Ainsi la puissance du dénombrable $<$ celle du continu (ensemble des nombres réels). CANTOR désigne par $\aleph_0$ la puissance du dénombrable, $\aleph_1$ celle de la classe II des ordinaux transfinis. L'hypothèse du continu est que $\aleph_1 =$ la puissance du continu.

la valeur o pour ses éléments et 1 pour les points extérieurs, et une fonction de cette sorte continue en un point étant évidemment constante dans un intervalle contenant ce point, on ne considérera comme ensembles *bien définis* (correspondant aux fonctions calculables) que les ensembles obtenus par addition (indéfiniment itérable) ou soustraction [1] d'intervalles « les extrémités des intervalles devant être étudiées à part ». Si on laisse de côté cette difficulté [2] (un ensemble bien défini ne l'est qu'à une infinité dénombrable ou même effectivement énumérable de points près) on voit que les ensembles *bien définis* coïncident avec les ensembles *mesurables B* introduits pour la théorie de l'intégration. On les classe, suivant le procédé donné par BAIRE, pour les fonctions d'après le nombre de passages à la limite successifs qu'exige leur définition à partir du continu numérique. Ainsi se rejoignent par une heureuse convergence les exigences du problème du fondement et les développements spontanés procurés dans la technique même par BAIRE et BOREL. Le champ de l'analyse classique ne dépasse pas les ensembles mesurables B.

Mais il faut entendre par analyse classique l'analyse déjà faite : comment s'assurer de la science à venir ? BOREL a bien senti les transformations que son point de vue imposait aux méthodes traditionnelles. Le tiers exclu n'est plus utilisable : pour deux nombres calculables, entre les deux hypothèses égalité ou inégalité s'en place une troisième, impossibilité de décider, lorsque leurs modes de définition sont distincts et donnent cependant, si loin qu'on aille, le même développement décimal par exemple [3]. De même, il fau-

---

(1) LUSIN substitue à la soustraction l'intersection (partie commune), on obtient les mêmes ensembles.

(2) On s'en débarrasse en ne considérant que les intervalles à extrémités rationnelles.

(3) Egalement : « l'ensemble formé d'un seul point, serait-ce le point o, n'est pas bien défini en ce sens que le problème de savoir si un nombre donné

dra éliminer les fonctions anormales déjà introduites : « il faut se résigner à faire systématiquement ce que les mathématiciens ont fait spontanément et sans esprit de système, c'est-à-dire se borner à étudier les fonctions qui se présentent naturellement, ce que nous pouvons appeler les « êtres réels et normaux » par opposition aux « monstres artificiellement créés ou même conçus abstraitement » (1). La réalisation effective du programme n'a jamais été entreprise. Elle semble se heurter dès l'abord à une difficulté essentielle : la notion même d'ensemble *bien défini* reste ambiguë, dès qu'il ne s'agit plus d'ensembles effectivement construits. Or, dès qu'on s'élève dans la classification de Baire les difficultés deviennent bientôt insurmontables pour une construction effective : l'ensemble de classe la plus élevée dont on a pu jusqu'ici donner un mode effectif de construction (2) appartient à la classe 4. Que signifie alors un raisonnement où intervient un ensemble mesurable *B* quelconque ? comme il n'y a pas de borne supérieure aux passages à la limite qui le définissent, que l'ordre de ceux-ci, essentiel à la définition, est dénoté par un nombre fini ou un nombre de la classe II, on fait intervenir en réalité pour la totalité des ensembles mesurables *B* la totalité de la classe II. La réponse de Borel est qu'il ne faut pas considérer une telle totalité comme donnée (qui serait un ensemble mal défini). Les raisonnements où figurent — ou sont démontrées — les propriétés générales des ensembles mesurables *B* sont inductifs : « au lieu de partir des intervalles et

---

appartient ou non à l'ensemble peut exiger soit une infinité d'opérations, soit la résolution d'un problème difficile ou actuellement insoluble » (Borel (I), p. 226).

(1) Borel (II), p. 146.

(2) Exemple donné par Mlle Keldych ; cf. Lusin (I), p. 94. La langue mathématique donne ici deux emplois au mot classe : il y a les classes d'ensembles (ou de fonctions) de la classification Baire, numérotées avec des chiffres *arabes*, et les classes de nombres ordinaux transfinis, numérotées avec des chiffres *romains*.

de suivre la construction de proche en proche, on suppose que la construction a été faite jusqu'à un certain point et possède certaines propriétés et l'on démontre que ces propriétés subsistent lorsqu'on avance d'un pas nouveau » (1). Il ne s'agit donc pas d'un système donné, mais d'une réalité en devenir, d'un *corps ouvert* par opposition au *corps fermé* des nombres rationnels par exemple (invariant par rapport aux 4 opérations arithmétiques), fermé parce qu'on en peut donner une définition unique. Malheureusement toutes les propriétés rencontrées des ensembles mesurables *B* ne sont pas inductives : ainsi la propriété découverte par HAUSDORFF et ALEXANDROFF qu'un ensemble mesurable *B* non dénombrable contient un ensemble parfait n'est pas invariante par rapport à la 2e opération génératrice (soustraction). Il faut avoir recours, note LUSIN, à une autre définition qui, cette fois, donne le corps fermé des ensembles mesurables *B* : « on obtient tous les ensembles mesurables *B* en prenant tous les ensembles finis dénombrables, et ceux qui servent d'ensembles de valeurs des fonctions *f* (*x*) régulières et continues [sur l'intervalle fondamental] ... à un ensemble dénombrable de points près » (2) (une fontion régulière étant une fonction qui prend toujours deux valeurs distinctes pour deux points différents de son argument). « Il semble, ajoute LUSIN, qu'on ne peut faire d'objections à cette définition du corps fermé puisque la notion de fonction continue et celle de fonction régulière figurent dans les branches classiques des mathématiques. » Elle est pourtant évidemment inadmissible du point de vue précisé par BOREL. On doit donc ou perdre les propriétés non inductives ou considérer comme une totalité donnée (quoique illégitime) la totalité des ensembles mesurables *B*. Mais il est alors impossible même de s'y tenir : « si l'on admet tous les en-

(1) BOREL (I), p. 235.
(2) LUSIN (I), p. 39.

sembles mesurables B, il est nécessaire d'admettre les ensembles projectifs comme l'a remarqué avec raison M. H. LEBESGUE » ([1]). A la suite de LEBESGUE, LUSIN, SIERPINSKI et SOUSLIN ont étudié une première classe plus vaste, les ensembles *analytiques* dont la parenté avec les ensembles mesurables B est frappante. Ils peuvent être définis comme ensembles des valeurs de fonctions continues non régulières sur l'intervalle fondamental; de nombreuses propriétés sont conservées. Le premier exemple — donné par LEBESGUE — d'ensemble analytique non mesurable B faisait intervenir la totalité de la classe II. SOUSLIN et LUSIN crurent pouvoir s'en passer ; en réalité la définition négative à laquelle ils parvinrent était rigoureusement équivalente à une définition positive où figure la classe II. Aussi LUSIN propose-t-il de considérer les nouveaux ensembles comme des ensembles mesurables B d'ordre Ω (Ω étant le premier ordinal transfini supérieur à tous les nombres de la classe II) dans la classification dérivée de celle de BAIRE. Or, une opération géométrique aussi simple que la projection permet de passer d'un ensemble mesurable B à un ensemble analytique. Bien plus, si on prend le complémentaire et si on projette à nouveau, on obtient une espèce nouvelle, les ensembles projectifs, de propriétés jusqu'ici difficiles à étudier ([2]).

Ainsi il est impossible d'arrêter la marche en avant de l'analyse classique quelque restreint qu'ait été le point de départ, si l'on ne prend pas soin de définir de nouvelles méthodes. Après les amputations dont il avait montré la nécessité, BOREL s'est borné à de brèves indications pour une reconstruction positive. Les procédés naïfs de l'analyse classique s'opposent directement aux exigences empiristes. LUSIN propose d'éliminer « quelques ensembles mesurables B » sans dire comment. Il s'élève aussi contre les opé-

(1) *Ibid.*, p. 323.
(2) Cf. pour tout ceci l'important ouvrage LUSIN (I).

rations négatives comme le passage au complémentaire : si l'ensemble E des valeurs d'une fonction peut être considéré comme donné, « nous ne possédons aucun procédé régulier pour reconnaître si un nombre réel y_0 donné appartient ou non au complémentaire de E » [1] ; la théorie des ensembles analytiques dont les complémentaires doivent être considérés comme appartenant à une espèce plus compliquée en est une preuve. En réalité il y a recours à l'intuition géométrique. Mais ici apparaît la deuxième difficulté essentielle de l'empirisme borélien : le rôle de l'intuition géométrique dans la définition du domaine fondamental par exemple n'est nulle part précisé. Si le continu numérique n'est qu'une « notion négative », faut-il l'éliminer suivant l'exigence LUSIN ? Alors disparaît tout l'édifice des ensembles mesurables B : le continu des nombres calculables (dont toute portion qu'on y distingue) a en effet pour mesure O. L'attitude de LUSIN comporte d'ailleurs plus d'un paradoxe : si tout ce qui dépasse les ensembles mesurables B tombe dans les mathématiques verbales, quel sens ont pour lui les importants résultats qu'il obtient sur les ensembles analytiques ? Il conclut son ouvrage : « l'auteur de ce livre incline... à considérer les exemples construits par lui comme formés de mots et ne définissant pas des êtres véritablement achevés, mais seulement des virtualités » [2]. On ne voit guère le sens que peut avoir ici le mot *virtualités*, surtout quand il s'agit d'ensembles analytiques ou projectifs qui ne pourront jamais être actualisés par une construction effective à partir des éléments initiaux imposés par BOREL. Mais n'y a-t-il pas dans les raisonnements géométriques qu'il utilise des opérations concrètes dont l'enchaînement possède un sens, même si on n'en peut fabriquer le résultat avec la matière nombre entier au moyen de calculs effectifs ?

---

(1) *Ibid.*, p. 41, n

(2) *Ibid.*, p. 322.

C'est justement en mettant l'accent sur le contenu actuel d'un raisonnement — indépendamment d'objets, points de départ unifiés pour toutes les mathématiques — que LEBESGUE a essayé de procurer une limitation moins rigoureuse grâce à sa notion du *nommable* ou de *l'effectif*. « Un objet est défini ou donné quand on a prononcé un nombre fini de mots s'appliquant à cet objet et à celui-là seulement; c'est-à-dire quand on a *nommé* une propriété caractéristique de l'objet » (1). On voit la distance par rapport aux affirmations purement existentielles de ZERMELO ou de CANTOR : il est impossible de trouver satisfaisante la démonstration par exemple que la classe II a une puissance inférieure ou égale à celle du continu (en faisant correspondre « au symbole 1 un point t, au symbole 2 un point t_2, ... au symbole α un point t_α ... Nous ne serons jamais arrêté, car jusqu'à α nous n'avons employé qu'une infinité dénombrable de points t_α, donc il reste des points et nous pourrons isoler l'un d'eux $t_{\alpha+1}$ ») (2), car « nous avons prétendu démontrer l'existence d'une application... [de la classe II] sur le continu sans en nommer aucune ». D'une façon générale c'est l'unicité du nommé qui intervient : l'ensemble donné par l'axiome de choix n'est pas déterminé de façon univoque (3). Or, un raisonnement n'a de sens que si les objets qui y figurent sont « effectivement définis ». Là-dessus donc « analogie avec le point de vue choisi par M. BOREL » (4). Mais c'est la notion de définition qui est changée : loin d'exiger

---

(1) LEBESGUE (II), p. 205.

(2) *Ibid.*, p. 213.

(3) On sait que le théorème de ZERMELO sur la possibilité de bien ordonner tout ensemble M avait été très attaqué par les empiristes français (V. les *Cinq lettres sur la théorie des ensembles* en particulier la lettre de LEBESGUE in BOREL (I), p. 153) : ZERMELO y utilise l'axiome de *choix* affirmant l'existence d'un ensemble ayant un et un seul élément commun avec toute partie de M. Nous donnons précisions et bibliographie sur ce sujet in CAVAILLÈS (III), p. 114, sq.

(4) LEBESGUE (II), p. 205.

une construction possible à partir d'un type d'objets posés une fois pour toutes, l'effectif au contraire réclame que dans la caractérisation de l'objet n'apparaisse que ce qui importe pour le raisonnement présent. « Il ne faudrait... pas croire qu'une fonction [y] est nécessairement mieux définie quand on donne une propriété caractéristique de l'ensemble $y = f(x_1, \ldots x_n), x_1\ x_2\ \ldots x_n$, car une telle propriété ne permet pas en général de calculer y » (1). La représentation analytique est aussi illusoire ; ainsi la fonction (2) :

$$\chi(x) = \lim_m\ [\lim_n (\cos m!\ \pi x)^{2n}]$$

(égale à 1 pour x rationnel et à o pour x irrationnel) « n'est pas connue pour $x = C$ [C étant la constante d'Euler] bien que l'on sache calculer C avec autant de décimales que l'on veut, et si nous la connaissons pour $x = \pi$ ce n'est pas son expression analytique qui nous la fait connaître » (3). La notion de définition doit donc rester dans le vague : « c'est nommer une fonction que de dire qu'elle est égale à 0 ou à 1, suivant que la constante d'Euler est rationnelle ou non.. On ne devra donc pas s'étonner si dans la suite je considère comme parfaitement définies et données des fonctions que je ne saurai calculer pour aucune valeur des variables » (3). Le mouvement de pensée est le même qui conduit Lebesgue à mettre à la base de sa théorie de la mesure et de l'intégration des définitions descriptives au lieu des définitions constructives qu'utilise Borel. Celui-ci, par exemple, affecte de la mesure 1 le domaine fondamental (représenté par le segment 0 ... 1) et convient que chacune des opérations (addition dénombrable, soustraction) génératrices des ensembles mesurables B se traduit par l'opéra-

(1) P. 206.

(2) C'est la fonction dite de Riemann — le symbole m ! représente le produit 1.2... m.

(3) Lebesgue (II), p. 206.

tion arithmétique de même nom sur les mesures des ensembles utilisés, de sorte que tout ensemble ainsi défini possède une mesure donnée par sa construction. LEBESGUE au contraire pose le problème *in abstracto* (1) : à tout ensemble de points E, peut-on attacher un nombre positif ou nul $m(E)$ satisfaisant aux trois conditions :

1° deux ensembles égaux ont même mesure ;
2° l'ensemble somme d'un nombre fini ou infini dénombrable d'ensembles sans points communs deux à deux a pour mesure la somme des mesures ;
3° la mesure du segment 0 1 est 1.

On voit sans peine que pour les ensembles mesurables B la solution est précisément donnée par la mesure telle que la définit BOREL. Bien plus, étant donné un ensemble quelconque E, il est contenu dans un ensemble E_1, et contient un ensemble E_2, tous deux mesurables B et possédant la même mesure. Mais « le principal avantage qu'il y a à raisonner sur les ensembles mesurables [c'est-à-dire tous ceux pour lesquels le problème précédent admet une solution] et non sur les seuls ensembles mesurables B, ce n'est pas qu'on envisage ainsi une classe plus vaste d'ensembles, mais c'est qu'on part de la propriété capitale des ensembles auxquels on peut attacher une mesure et non d'un procédé de construction en perpétuel devenir » (2). On sait en effet les développements considérables que cette théorie de la mesure et celle de l'intégration qui en découle ont reçus en analyse générale. Ils proviennent de l'allègement procuré par le caractère descriptif de la définition : seul importe ce qu'elle nomme, tandis qu'une construction qui n'a rien à voir avec le problème posé ne pourrait qu'alourdir ou restreindre arbitrairement. C'est en quelque sorte l'homogénéité des maté-

---

(1) LEBESGUE (I), p. 111.
(2) *Ibid.*, p. 117 n.

riaux d'une entreprise, la simultanéité de la mathématique avec son travail présent qui se trouvent ici affirmées : empirisme encore puisqu'il ne s'agit que de décrire le travail effectif, mais empirisme de la pensée en acte, sans autre référence que le devenir imprévisible des mathématiques. Les modes de définition sont abandonnés aux variations et aux exigences de son mouvement : à chaque nouvelle acquisition paraissent d'ailleurs de nouvelles possibilités. L'enrichissement du nommable coïncide avec l'enrichissement même de la science.

SIERPINSKI a étudié (¹) comment codifier les définitions d'ensembles soumises à cette règle ; on peut en faire une sorte de superposition progressive analogue à celle des fonctions récurrentes d'entiers. Avec comme base la suite d'ensembles $E_1, E_2 \ldots$ on prendrait comme première fonction la somme d'une suite partielle quelconque $E_{n_1}, E_{n_2}, \ldots,$

$$f_1 (E_1, E_2 \ldots) = E_{n_1} + E_{n_2} + \ldots$$

Puis d'une façon générale :

$$f_K (E_1, E_2 \ldots) = f_i (E_{n_1}, E_{n_2}, \ldots)$$

f_i étant une fonction déjà introduite. La caractéristique de chaque fonction est chaque fois le choix du système $n_1\ n_2 \ldots$ dans la suite des entiers. On pourrait faire intervenir au lieu de la somme, l'intersection. HAUSDORFF généralise en utilisant dans la définition même les ensembles déjà définis (²) :

$$f_M (E_1, E_2\ E_3 \ldots) = \Sigma\, E_{n_1}\, E_{n_2} \ldots$$

où la somme Σ est étendue à toutes les suites de nombres naturels telles que le point x représenté par le développement :

(1) SIERPINSKI (III).
(2) HAUSDORFF (II).

$$x = \frac{1}{2^{n_1}} + \frac{1}{2^{n_1+n_2}} + \frac{1}{2^{n_1+n_2+n_3}} + \dots$$

appartienne à l'ensemble M. Ainsi pour les ensembles projectifs. On voit qu'une large partie de la théorie naïve des ensembles peut être atteinte : si large qu'on peut se demander si les paradoxes sont bien éliminés.

Un premier paradoxe est la possibilité de nommer des ensembles dont on ne puisse décider si un objet donné leur appartient ou non. SIERPINSKI a donné l'exemple d'un ensemble Φ de fonctions d'une variable réelle qui comporte sûrement des éléments, mais tel qu'étant donné une fonction bien définie il faudrait, pour décider de son appartenance à Φ, avoir résolu le problème du continu. D'une façon générale, si on a pu nommer deux ensembles E_1 non vide et E_2 dont on ne sait s'il est vide ou non, il suffit de définir l'ensemble E égal à E_1 si E_2 est vide, à E_2 dans le cas contraire : étant donné un objet quelconque, impossible de savoir s'il appartient ou non à E. Or, on a des exemples d'ensembles tels que E_2 dans la théorie des ensembles projectifs : à partir d'un ensemble de BOREL de classe 3, LUSIN réussit à nommer, grâce à un petit nombre des opérations géométriques élémentaires : projeter et prendre le complémentaire, ce qu'il appelle les *ensembles-résolvantes* de problèmes connus (problème du continu, etc...) : si l'on savait nommer un élément d'un de ces ensembles, on aurait par exemple numéroté du même coup les points du segment 0 ... 1 au moyen de la totalité des ordinaux de la classe II. C'est la réponse à une question posée par BOREL en 1908 : « est-il ou non possible de définir un ensemble E tel qu'on ne puisse nommer aucun élément individuel de E, c'est-à-dire le distinguer de tous les autres éléments de E ». On ne sait même pas affirmer s'il existe un élément de E. La raison est claire : c'est dans l'acte de nommer, l'intervention de notions hétérogènes comme définition analytique d'un ensemble et opérations géométriques sur cet ensemble. Projeter, prendre le complémentaire d'un ensemble ont en général comme corrélat analytique des complications insurmontables : or, pour savoir si le complémentaire de la projection de M est vide ou non, on ne peut se passer de la définition analytique de M.

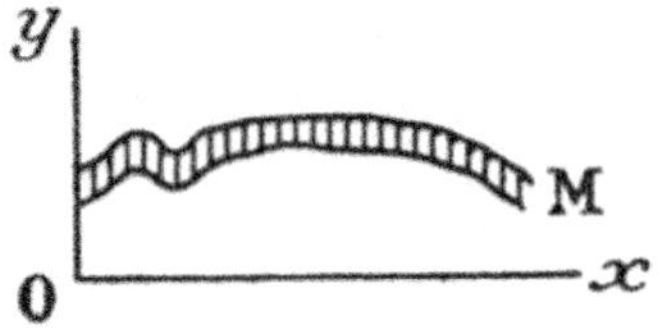

Fig. 1.

Les objets nommables peuvent donc être insuffisamment déterminés. Ainsi Lusin « considère comme insoluble la question de savoir si tous les ensembles projectifs sont mesurables ou non, puisque à son avis les procédés mêmes de définition des ensembles projectifs et de la mesure au sens Lebesgue sont des virtualités incomparables ». Est-on même sûr que des contradictions ne peuvent apparaître ? L'hétérogénéité entre propriétés également nommables laisse la possibilité que leur juxtaposition soit contradictoire. Dans des cas privilégiés la présence d'exemples (effectivement construits) peut assurer contre ce danger. Mais pour nommer une fonction non représentable analytiquement — et par suite un ensemble non mesurable B — Lebesgue utilise par exemple la totalité de la classe II, qui est elle-même considérée comme nommée. Elle est sans doute caractérisable de façon univoque : un raisonnement où elle intervient n'en paraît pas moins assez obscur — sinon dangereux : est-on sûr qu'elle ne soit pas contradictoire en tant que totalité [1] ? Au moins la différence de sécurité — ou de sens qu'on puisse saisir — entre un tel

(1) Cf. à ce sujet les doutes récents de Lusin et de Sierpinski, liés aux travaux sur les ensembles analytiques et projectifs in Lusin (II) et (III) et Sierpinski (III).

raisonnement et ceux qui font appel à l'axiome de choix n'est pas éclatante : pour nombre de mathématiciens même l'avantage serait plutôt en faveur de ceux-ci.

Ainsi une position moyenne entre empirisme et idéalisme semble difficile à tenir. Bien plus, une limitation quelconque du champ mathématique tirée de considérations purement mathématiques — comme faisaient BOREL et LEBESGUE — apparaît impossible : c'est l'imprévu d'un problème, le détour d'une application qui rendent vaine la règle de sécurité ou obligent qu'on l'abandonne. Il semble qu'ici la réflexion critique sur l'essence même du travail mathématique et la notion d'objet soit une condition préalable nécessaire. La dualité entre construction analytique et opération géométrique, les différents sens même de ces deux expressions que les profonds travaux de l'école BOREL-LEBESGUE ont fait apparaître, comme la multitude des problèmes cachés sous le mot définition obligent à une révision systématique, et à une régression qui conduit à creuser au delà du mathématique proprement dit, dans le sol commun de toutes les activités rationnelles.

* * *

La théorie de la raison dépend d'ailleurs d'un tel travail : l'histoire montre la liaison étroite entre semblables conflits techniques et les systèmes édifiés par les philosophes. L'actuelle difficulté trouve sa préfiguration chez DESCARTES, LEIBNIZ et KANT à partir desquels on peut mieux saisir son évolution. Dans les *Regulæ* le nombre et l'étendue sont au même titre des natures simples, dans les *Méditations* des notions possédant égale clarté et distinction. Mais qu'est-ce que l'idée d'étendue ? La séparation de l'âme et du corps a son contre-coup dans la méthode même de la science, comme le fait remarquer L. BRUNSCHVICG : « pour que la pensée constitue la science de la nature selon l'ordre même de la nature, il faut qu'elle puisse, en suivant la connexion de ces idées, dérouler l'enchaînement des choses ; il faut donc que la pensée comprenne comme appartenant au domaine de son activité cette même notion de l'étendue, tellement distincte de la notion de la pensée que l'attribut de l'étendue et l'attribut de la pensée marquent deux sortes différentes de substances » (1). L'imagination est tout entière rejetée du côté du corps : « lorsque j'imagine un triangle, non seulement je conçois que c'est une figure composée de 3 lignes, mais avec cela j'imagine ces 3 lignes comme présentes par la force et l'application de mon esprit. Que si je veux penser à un chiliogone, je conçois bien à la vérité que c'est une figure composée de 1.000 côtés aussi facilement .. mais je ne puis imaginer les 1.000 côtés... » (2) L'idée claire et distincte est donc uniquement intellectuelle, l'imagination n'étant « autre chose qu'une certaine application de la faculté qui connaît au corps qui lui est intimement présent ». Double danger : techniquement l'arithmétisme, philosophiquement l'impossibilité « de justifier une science qui, ayant sa valeur intrinsèque dans sa conformité stricte à l'ordre de la pensée, puisse s'appliquer d'une façon directe à un univers complètement dépourvu de pensée » (3). L'un et l'autre n'ont été évités que partiellement, amorce de la séparation opérée par MALEBRANCHE entre étendue intelligible et étendue locale, avec les faciles accommodements de la théorie des substances : « pour ce qui est... de l'étendue, la figure... il est vrai qu'elles ne sont point formellement en moi, puisque je ne suis qu'une chose qui pense, mais parce que ce sont seulement de certains modes de la substance et que je suis moi-même une substance, il semble qu'elles puissent être contenues en moi éminemment » (4) ; du moins

(1) L. BRUNSCHVICG (I), p. 129.

(2) 6e *Méditation*, ADAM TANNERY, *Œuvres de* DESCARTES, t. IX, p. 57.

(3) L. BRUNSCHVICG, *ibid.*

(4) 3e *Méditation*, *l. c.*, p. 35.

comme conséquence la physique relativiste des *Principes* où le caractère imaginatif des explications est en raison inverse de leur valeur explicative. La seule véritable science semble celle où règne le nombre, dans l'espace les seules courbes dont nous ayons une idée, celles que représente une équation algébrique : c'est l'équation qui est l'idée. Elimination des courbes mécaniques : « lignes qui ressemblent à des cordes, c'est-à-dire qui deviennent tantôt droites et tantôt courbes, à cause que la proportion qui est entre les droites et les courbes n'étant pas connue et même je crois ne le pouvant pas être par les hommes, on ne pourrait rien conclure de là qui fût exact et assuré » (1) ; exclusive qui, modifiée, devait se prolonger jusqu'à la fin du XVIIIe siècle avec, à propos du problème des cordes vibrantes, le débat sur la continuité eulérienne et sur la notion de fonction arbitraire. LEIBNIZ pouvait railler chez DESCARTES avec l'étroitesse des assises et la pauvreté des méthodes, cette « présomption... mesurant les forces de toute la postérité par les siennes » (2). Toutefois ni relativisme, ni arithmétisme ne sont complets : l'idée d'un triangle n'est pas son équation, mais, comme l'indique le texte des *Méditations*, la règle pour le bâtir (3). La dualité de l'esprit et d'un donné, extérieur à lui mais auquel il peut s'appliquer pour le connaître, est le fait primordial du rationalisme cartésien. La science n'est pas reconstruction mais mise en ordre : nulle part on ne trouve pour l'étendue un essai de définition exhaustive. Les relations métriques sont privilégiées parce que plus facilement maniables, mais l'important est, de quelque façon que ce

---

(1) *Géométrie*, ADAM TANNERY, t. VI, p. 412.

(2) Lettre à PHILIPPI, janvier 1680, cité par BRUNSCHVICG, *l. c.*, p. 123.

(3) De même pour les courbes : « on ne doit pas exclure les lignes les plus composées pourvu qu'on les puisse imaginer être décrites par un mouvement continu ou par plusieurs qui s'entresuivent et dont les derniers soient entièrement réglés par ceux qui les précèdent : car par ce moyen on peut toujours avoir une connaissance exacte de leur mesure ». *Ibid.*, p. 390. La prédominance du métrique reparaît.

soit, d'établir des rapports, de se mouvoir de façon autonome le long de leurs enchaînements. C'est l'acte de penser qui est pensée, son objet pas : l'intuition n'est intellectuelle qu'en tant que claire et distincte, caractères extrinsèques à la spécificité des objets sur lesquels elle porte. Ainsi la méthode universelle déborde le succès de fait d'une méthode particulière, puisqu'elle vise seulement ordre et évidence qui n'ont pas de canon. Mais le problème est escamoté, dans la confiance que la méthode trouve partout à s'appliquer ; il n'y a pas de définition des mathématiques : elles sont science de l'étendue et toute pensée de l'étendue est mathématique. Le rapport des éléments, nombre, grandeur linéaire est abandonné à un optimisme de supposition, la limitation de la connaissance, même mathématique, acceptée grâce à l'image théologique de l'infini.

Malgré le calcul infinitésimal, celle-ci joue encore un rôle dans le leibnizianisme. Le fil conducteur dans le labyrinthe du continu est la distinction entre la pluralité discrète des substances, seule réalité dans la volonté divine, et la continuité phénoménale de leurs liaisons spatio-temporelles. « L'étendue, la figure et le mouvement enferment quelque chose d'imaginaire et d'apparent et quoiqu'on les conçoive plus distinctement que la couleur et la chaleur, néanmoins... on trouve que ces notions ont encore quelque chose de confus .. et je tiens pour démontrable qu'il n'y a pas de figure exacte dans les corps (1). » L'exigence que tous les jugements soient de prédication fait de l'étendue le résultat de la diffusion de l'attribut étendu « comme dans le lait il y a diffusion de la blancheur » (2) ; attribut d'ailleurs dont le concept se révèle composé « cum resolvatur in pluralitatem quam communem habet cum numero, continuitatem quam cum tempore, coexistentiam quam cum rebus etiam non ex-

(1) Lettre à Foucher, vers 1688, Gerhardt *Phil. Schr.*, I, p. 392

(2) *Examen des principes de* Malebranche, 1711. Erdmann, p. 693.

tensis » (1). Ainsi la difficulté se scinde : si l'intuition primitive n'est plus qu'un « phénomène bien fondé », la mathématique reste à son niveau ; d'une part le problème du fondement sera résolu par une réduction virtuelle du mathématique au logique ; d'autre part les rapports entre quantité continue et systèmes discrets sont transportés du plan mathématique au plan métaphysique. La mathématique n'est que la science des rapports idéaux : dans la volonté divine tout est affirmé d'un seul coup, il n'y a pas de nombre de la totalité des monades, un nombre infini étant d'ailleurs contradictoire. Ce n'est que dans l'entendement divin, c'est-à-dire de façon hypothétique, qu'apparaissent les rapports, ils ne sont rien de réel, comme le nombre, attribut « ayant une jambe en deux sujets ». Dans la mesure où la mathématique affirme, elle ne fait qu'expliciter des axiomes ou des définitions : tout se réduit comme fondement aux combinaisons indéfiniment variées d'un système primitif de notions simples. Quelle qu'ait été historiquement pour les mathématiques la valeur heuristique d'une telle représentation, le problème ici posé n'en reçoit pas la moindre solution : d'une part n'est indiqué ni le mode d'une intuition des notions simples, ni un critère à quoi reconnaître leur simplicité, et l'idée d'une combinaison entre notions radicalement simples est inpensable, sous tendue en réalité par l'image de la combinaison spatiale de leurs symboles. D'autre part la confiance en une multitude préalablement donnée supprime au profit de la quantité discrète, la quantité continue qui ne possède d'autre réalité que d'en être l'abrégé ; tout revient toujours à faire passer par les points d'un ensemble une ligne continue « dont un esprit fini peut comprendre la définition. L'esprit peut en concevoir et mener par l'imagination à travers des corps (ou des systèmes de points) de quelque

---

(1) L. à de VOLDER, GERHARDT, II, p. 183.

figure qu'ils soient » (1). Ce ne seront jamais que des approximations successives, mais qui sont justifiées et réussissent parce que leur convergence est métaphysique : la réalité de l'ensemble donné. Il n'y a pas de science de l'infini parce qu'il n'y en a qu'un.

Pourtant LEIBNIZ préparait la voie au schématisme kantien : le caractère phénoménal, au sens kantien, du nombre et de l'espace sont déjà reconnus. Une ligne n'existe qu'autant qu'elle est tracée par l'imagination, un nombre qu'autant qu'aperçu par la conscience. Dans la *Dissertatio* de 1770, où l'*intuitus purus* de l'espace et du temps ne fournit d'objet respectivement qu'à la géométrie et à la mécanique — semblant laisser de côté l'arithmétique — se trouve déjà clairement précisé le caractère synthétique du concept de nombre : « accedit hisce conceptus quidam in se intellectualis, sed cujus tamen actuatio in concreto exigit opitulantes notiones temporis et spatii (successive addendo plura et juxta se simul parendo) qui est conceptus numeri » (2). C'est l'activité synthétique du *je pense* qui justifie pour le travail mathématique ses deux caractères : devenir imprévisible et valeur absolue : valeur absolue car la synthèse est exigée par l'unité de l'aperception, devenir imprévisible parce qu'il y a effectivement activité constructrice. L'intuition est nécessaire pour la démonstration de nouveaux rapports : « geometria propositiones suas universales non demonstrat objectum cogitando per conceptum universalem... sed illud oculis subjiciendo per intuitum singularem quod fit in sensitivis » (3) Définition de 1770 que la *Critique* précise : « celle-ci (la mathématique) ne peut rien établir par simples concepts mais vole aussitôt vers l'intuition dans laquelle elle considère le concept *in concreto*, non pas empi-

(1) L. à l'électrice SOPHIE, 31 octobre 1705, GERHARDT, VII, p. 563.
(2) *De mundi sensibilis...*, II, § 12, éd. CASSIRER, II, p. 413.
(3) *Ibid.*, III, § 15. CASSIRER, II, p. 419.

riquement pourtant, mais dans une intuition qu'elle représente *à priori*, c'est-à-dire a construite et dans laquelle ce qui suit des conditions générales de la construction doit également valoir pour l'objet du concept construit » (1). Il est difficile d'aller plus avant dans l'analyse du rôle de l'intuition : non pas contemplation d'un tout fait, mais appréhension dans l'épreuve de l'acte des conditions mêmes qui le rendent possible. On échappe à l'irrationalité du constaté par la nécessité intérieure de la construction. Toutefois, pour celle-ci, il faut un milieu qui lui soit logiquement antérieur : si « le philosophe peut réfléchir sur le concept (du triangle) autant qu'il veut... y distinguer le concept de ligne droite ou d'un d'angle ou du nombre trois et les éclaircir, sans pour cela parvenir à d'autres propriétés qui ne sont pas renfermées dans ces concepts » (2), si le mathématicien doit être « toujours guidé par l'intuition » (2) dans l'enchaînement de ses raisonnements, c'est que l'intuition possède une structure, ou une réalité propre, de quelque ordre soit-elle. Bien plus, la dualité des deux formes de l'intuition rend le problème insoluble. Sans doute y a-t-il subordination de l'espace au temps, puisque toute synthèse s'accomplit dans le temps ; « je ne peux me représenter une ligne, si petite soit-elle, sans la tirer par la pensée » (3). Et ainsi s'explique immédiatement l'application du nombre à l'espace : « le pur schéma de la grandeur comme d'un concept de l'entendement est le nombre qui est une représentation embrassant l'addition successive de l'unité à l'unité (homogène). Donc le nombre n'est rien d'autre que l'unité de la synthèse du divers *d'une intuition homogène en général*, par le fait que j'engendre le temps dans l'appréhension de l'intuition » (4). Mais la difficulté sera de passer de cette

---

(1) *Krit. d. reinen Vernunft* Methodenlehre, I, 1, Cassirer, III, p. 486.
(2) *Krit. d. reinen Vernunft* Methodenlehre, I, 1, Cassirer, III, p. 487.
(3) *Axiomes de l'intuition, l. c.*, p. 157.
(4) *Schématisme, l. c.*, p. 144. C'est nous qui soulignons.

« intuition homogène en général » aux deux intuitions particulières de notre faculté de connaître : on aura recours pour les caractériser aux notions naïves de l'expérience courante : le temps « contient les rapports de la succession, du simultané et de ce qui est simultané avec le successif (le persistant)... manière dont l'esprit s'affecte lui-même » (1) tandis que l'espace est « la propriété formelle (de l'esprit) d'être affecté par des objets ». Distinction à propos de laquelle KANT ne cache pas sa gêne : « ici toute la difficulté réside en ceci : comment le sujet peut-il avoir une intuition intérieure de lui-même ; mais cette difficulté est commune à toutes les théories » (2). Elle est pourtant essentielle dans le système, si l'imagination est le pouvoir central permettant de soumettre la diversité intuitive à l'unité des concepts : il faut que l'acte d'unification soit lui-même en quelque façon sensible. C'est ce que rend parfaitement clair la *Déduction transcendantale* en revenant sur « le paradoxe du sens intime » (3) : puisque nous ne possédons pas d'intuition intellectuelle, la dualité en nous entre activité connaissante et réceptivité soumise à l'extérieur exige que l'acte synthétique, en tant qu'il s'applique à cette réceptivité, l'affecte et se révèle ainsi sensiblement. « Sa synthèse [de l'entendement] si on le considère seul, n'est rien d'autre que l'unité de l'action dont il est conscient, en tant que telle même sans sensibilité, mais par elle il peut déterminer la sensibilité en vue de la diversité qui peut lui être donnée suivant la forme de l'intuition. Il exerce donc, sous le titre d'une synthèse transcendantale de l'imagination, cette action sur le sujet passif, dont nous disons à bon droit que le sens intime en est affecté » (4). Si l'unité synthétique de l'aperception est donc, non seulement numériquement, mais cons-

(1) *Esthétique transcendantale, l. c.*, p. 75.
(2) *Ibid.*, p. 76.
(3) *L. c.*, p. 127.
(4) *L. c.*, p. 127.

ciemment distincte de l'action synthétique effective, si « la conscience que je suis » distincte de la « connaissance de moi tel que je m'apparais », il faut cependant que je m'apparaisse, même dans l'activité synthétique pure, puisque l' « entendement ne trouve pas la liaison du divers dans le sens intime mais la met en évidence en affectant ce sens » (1). La dualité entre les deux moi, « moi sujet pensant, moi objet pensé », n'en reste pas moins injustifiable en droit : elle ne comporte ni plus ni moins de difficulté que de comprendre « comment je peux en général être pour moi un objet, savoir un objet d'intuition, de la perception intérieure » (1). Il faut s'incliner devant le fait que nous impose le témoignage de la conscience ; nous sommes tellement un objet par nous-mêmes que nous avons besoin de l'espace pour nous représenter notre vie intérieure : « nous ne pouvons nous représenter le temps, qui n'est pourtant pas un objet de l'intuition extérieure, que sous l'image d'une ligne, en tant que nous la traçons, mode de représentation sans lequel nous ne pourrions pas reconnaître qu'il n'a qu'une dimension ; de même la détermination de la longueur du temps ou des moments pour toutes nos perceptions intérieures doit être tirée de ce que les choses extérieures nous présentent de changeant, par suite nous devons ordonner les déterminations du sens intime... dans le temps comme nous ordonnons celles du sens externe dans l'espace » (1). Ainsi l'existence même d'une sensibilité interne est assurée, non par une fausse symétrie avec la sensibilité externe, mais parce que les témoignages de l'une sont empruntés à l'autre : nous ne nous connaissons qu'à travers de l'espace. Mais alors le temps s'évanouit dans l'espace, le temps est grandeur extensive « dans laquelle la représentation des parties rend possible la représentation du tout » (2), ou plutôt il n'y a

(1) P. 129.
(2) *Axiomes de l'intuition*, p. 157.

qu'une seule intuition, celle du mouvement qui trace les lignes, décrit les cercles, tire la ligne droite, image du temps. Ce n'est que par abstraction, grâce à la distinction, préalable à toute critique, entre nous comme sujet connaissant et un système d'objets qui affectent notre sensibilité, que nous pouvons isoler en droit dans notre intuition ce qui se rapporte uniquement au moi. « Ce qui produit d'abord le concept de la succession, c'est le mouvement comme acte du sujet... et par conséquent la synthèse du divers dans l'espace, si *nous faisons abstraction de celui-ci* et faisons attention seulement à l'action par laquelle nous déterminons le sens intime conformément à sa forme » (1). Ainsi la représentation du temps n'est obtenue que par abstraction de l'espace dans la synthèse spatiale. Mais comment faire abstraction de l'espace s'il n'est déjà donné, préalablement à la synthèse ?

La difficulté se manifeste si l'on veut préciser les rapports entre les différentes branches des mathématiques. L'arithmétique serait science du temps, la géométrie science de l'espace (2). Mais d'une part le temps est une grandeur continue ; d'autre part la symétrie est rompue par la différence des méthodes : la géométrie seule procède déductivement à partir des définitions et des propositions synthétiques *à priori* que sont les axiomes ; l'arithmétique, au contraire, va du particulier au particulier. « Quoique la proposition $7 + 5 = 12$ soit synthétique, elle est cependant seulement particulière. En tant qu'ici on a seulement en vue la synthèse de l'homogène (des unités), la synthèse ne peut s'accomplir que d'une seule façon, quoique l'usage de ces nombres soit après universel. Si je dis : avec trois lignes dont deux réunies sont plus grandes que la 3e, on peut dessiner un

(1) *Déduction transcendantale, l. c.*, p. 128. C'est nous qui soulignons.

(2) Au moins dans la *Critique*; sur les oscillations de KANT à ce sujet, cf. L. BRUNSCHVICG, *l. c.*, p. 257 sq.

triangle, j'ai ici la simple fonction de l'imagination reproductrice qui peut tirer des lignes plus ou moins grandes et de même les faire se rencontrer sous des angles arbitraires » (1). En réalité, ce qui est sur le même plan que la géométrie, science « des simples grandeurs (*quanta*) », c'est l'algèbre, science de la simple grandeur (*quantitas*), « où on fait complètement abstraction de la constitution de l'objet qui doit être pensé d'après un tel concept de grandeur. Elle se choisit alors certain mode pour désigner toutes les constructions de grandeurs en général (nombres), comme l'addition, la soustraction, etc ..., et... elle représente dans l'intuition, d'après certaines règles générales, toutes les opérations grâce auxquelles la grandeur est produite ou changée : là où une grandeur doit être divisée par une autre, elle les pose toutes deux ensemble dans l'algorithme de la division et arrive ainsi au moyen d'une construction symbolique, aussi bien que la géométrie, après une ostensive ou géométrique (des objets mêmes) là où la connaissance discursive au moyen de simples concepts ne pouvait jamais parvenir » (2). Si l'algèbre est « connaissance par construction de concepts », cette construction s'effectue donc aussi dans l'espace. Quant à l'arithmétique, quoique plus particulière que l'algèbre en apparence (substituabilité d'un nombre particulier aux lettres), elle domine également les deux sciences ; il faut se rappeler que le nombre est un schème pur supérieur à l'espace et au temps : « l'image pure de toutes les quantités (quantorum) pour le sens extérieur est l'espace, celle de tous les objets des sens en général, le temps. Mais le schème pur de la quantité (quantitatis) considérée comme concept de l'entendement est le nombre » (3). La fausse symétrie, intervenant dans ce passage même, doit être rompue

(1) *Axiomes de l'intuition*, p. 158.
(2) *Méthodologie*, *l. c.*, p. 487.
(3) *Schématisme*, *l. c.*, p. 144.

entre l'espace et le temps : si le temps est au niveau du schématisme il n'est pas image, mais « méthode pour procurer à un concept son image » (1). L'arithmétique ne nous livre pas de théorèmes, mais de simples « formules numériques » s'imposant à toutes les sciences d'objets. Mais ceci (rôle de l'algèbre) est déjà plutôt interprétation de l'épistémologie kantienne ; et trois difficultés subsistent : 1° suivant la remarque de L. BRUNSCHVICG, le problème du continu est escamoté, par le glissement du temps-schème, qui donne le nombre entier, au temps image spatialisée ; 2° la situation de l'algèbre n'est pas précisée : son autonomie comme science procédant par constructions symboliques n'est que signalée accidentellement, sans que soit justifiée son indépendance par rapport à la géométrie qui s'occupe « des objets mêmes » ; 3° les axiomes enfin sont posés comme un fait sans que soit donné ni critère pour les reconnaître, ni fil conducteur pour les recenser ; ils « expriment les conditions de l'intuition sensible *a priori* sous lesquelles seulement on peut établir le schéma d'un concept pur de phénomène extérieur » (2). Leur seule évidence vient de la pratique de la construction : on ne peut faire autrement pour unifier les objets.

* * *

C'est l'originalité de l'intuitionnisme brouwérien que son effort direct pour résoudre le problème actuel du fondement des mathématiques l'ait amené à reprendre les thèmes essentiels du Kantisme : caractère intuitif immédiat de la connaissance mathématique où la vérité se constate dans une expérience *sui generis* ; définition de son développement comme une construction imprévisible, indépendante de la logique ; enfin primat du type de construction arithmétique

(1) *Schématisme, l. c.*, p. 144.

(2) *Axiomes de l'intuition*, p. 158.

sur le géométrique, transposition du primat du schéma nombre sur les synthèses dans l'espace. Toutefois l'intuition dont il s'agit ici n'a plus de contenu propre : la forme de l'espace est entièrement éliminée. Dans ses premiers exposés BROUWER « considérait le continu comme donné dans l'intuition temporelle » (1). Dans la doctrine actuelle si le temps opaque de l'histoire intervient, c'est extérieurement : l'apparition d'une solution à un problème peut infléchir dans une direction déterminée la construction en cours d'un objet mathématique ; mais le caractère intrinsèque de la construction en tant que mathématique n'est pas touché par là : si elle se déroule dans le temps, celui-ci ne représente guère qu'un ordre, temps actif du *je pense* unifiant plutôt que temps senti du *je pense* affecté. L'activité mathématique en réalité s'éprouve elle-même dans son développement original : on ne peut la définir mais la poursuivre (2). Tout au plus peut-on la caractériser à ses débuts « comme acte de volonté au service de l'instinct de conservation de l'homme isolé » (3) par les deux phases où elle se manifeste, celle de la « position temporelle » et celle de la « position causale ». Dans la première « un moment de conscience » se trouve dissocié en deux réalités qualitativement distinctes, dualité que la mémoire fixe, puis sépare derechef en multiplicité indéfinie : dans cette dyade temporelle est déjà latente la suite des nombres. Mais il faut la position causale qui « iden-

(1) HEYTING (IV), p. 19.

(2) WEYL qui fut — ou se crut — un temps, brouwérien (ce que conteste actuellement BROUWER) avait rapproché cette intuition originale de celle à laquelle se réfère HUSSERL : elle n'est pas définissable parce qu'elle se confond avec l'évidence de la conscience. L'objet apparaît en lui-même, mais non ailleurs que dans l'acte qui le saisit. O. BECKER (I) a de son côté essayé d'opérer la synthèse entre les définitions de BROUWER et la philosophie existentielle de HEIDEGGER. Pour HUSSERL au moins il importe de noter qu'il a lui-même une conception des mathématiques entièrement différente, beaucoup plus voisine de celle de HILBERT que de celle de BROUWER. Cf. HUSSERL (II).

(3) BROUWER (VII), p. 153.

tifie différentes suites de phénomènes » et leur procure un « substrat commun, la suite causale » (1), d'où en particulier la construction intellectuelle d'un monde d'objets indépendants et fixes. Ainsi la première activité mathématique est création d'ordre dans le monde et jusque dans les sociétés (2). Mais si la numération est révélatrice de « l'attitude spirituelle mathématique » (3), BROUWER se refuse pourtant à « enserrer les possibilités de pensée dans le corselet de principes de construction déterminés d'avance » (3). Il y a véritable révélation non seulement de résultats mais aussi de méthodes comme dans la vie même : « la mathématique est plus une action qu'une doctrine » (4).

D'où, en premier lieu, la double affirmation d'indépendance des mathématiques par rapport au langage et par rapport à la logique. D'essence le langage n'a rien à voir avec les mathématiques : instrument pour « la transmission des volontés » la langue est « une fonction de l'activité de l'homme social » (5) mais ne possède « ni exactitude ni sécurité ». « Une langue mathématique fondamentalement univoque est impossible » (6). En vain l'école formaliste a-t-elle voulu soumettre la langue des mathématiques à un traitement lui-même mathématique pour lui procurer « la précision et la stabilité d'un instrument matériel » (7) : d'une part la difficulté n'est que reculée, pour s'entendre au sujet de cette langue il faut une langue supérieure ou métalangue où apparaîtront les mêmes incertitudes. D'autre part si le but est l'apparition d'un certain résultat dans l'esprit, les possibilités de malentendu subsistent entières. En réalité

(1) *Ibid.*
(2) *Ibid.*, p. 156.
(3) HEYTING (IV), p. 12.
(4) « Die Mathematik ist mehr ein Tun denn eine Lehre ».
(5) BROUWER (VII), p. 157.
(6) HEYTING (IV), p. 13.
(7) BROUWER, *ibid.*, p. 158.

formalistes et logicistes font du discours une fin en soi. Pourtant aucun chercheur ne s'y trompe : il y a nombre de façons d'exprimer la même vérité, de décrire le même procédé ; c'est à une certaine intuition que l'on s'assure de la vérité, c'est au succès par la résolution de problèmes du même ordre que l'on reconnaît avoir compris une théorie. Seul « exact (dans la mesure où cela est possible) est le système construit dans l'esprit du mathématicien » (1).

L'origine de cette croyance « en un pouvoir magique », ou tout au moins possédant une valeur propre, de la langue doit être cherchée dans « une erreur bien plus ancienne et... plus profondément enracinée, la confiance aveugle dans la logique classique » (2). « Dès l'Antiquité on a disposé d'une langue parfaite pour la considération mathématique des groupes finis d'objets stables » (2). La syntaxe de cette langue est la logique, avec ses trois principes de non contradiction, du tiers exclu, du syllogisme, qui permettent de passer mécaniquement de propositions à d'autres, sans souci de leur contenu : l'expérience ratifie toujours le résultat parce que ces opérations ne sont que le corrélat linguistique (la traduction) d'opérations intuitives effectuées sur un système d'objets finis. Or, pour l'expérience quotidienne, la considération d'un univers discret et fini est suffisante. D'où l'explication d'un succès constant par je ne sais quelle autorité supérieure attribuable aux principes logiques, d'où les difficultés et les paradoxes que provoque leur utilisation pour la langue de la mathématique infinie. Avec celle-ci une révision s'impose que supportent seuls les principes de non contradiction et du syllogisme, le tiers exclu disparaît.

De nombreux exemples peuvent en être donnés : d'une façon générale si on appelle *propriété fuyante* une propriété « dont on peut vérifier l'existence — ou l'absurdité — pour

---

(1) HEYTING, *ibid.*
(2) BROUWER, *ibid.*

tout nombre naturel donné tandis que l'on n'a aucun moyen ni d'indiquer un nombre naturel qui la possède, ni de démontrer son absurdité pour tous les nombres naturels (pairs ou impairs) » (¹) (par exemple la propriété pour un nombre naturel n que l'on ne puisse trouver deux nombres premiers x, y tels que $x + y = 2n$) (²) on désignera par *nombre résolvant*λ^1 le plus petit entier (hypothétique) pour lequel la propriété est vraie : soit le nombre p_f défini comme limite de la suite convergente :

$$a_1,\ a_2 \dots\ a_\nu \dots$$

$$\text{où } a_\nu = \left(-\frac{1}{2}\right)^\nu \text{ pour } \nu < \lambda_f \text{ et } a_\nu = \left(-\frac{1}{2}\right)^{\lambda_f} \text{ pour } \nu \geqq \lambda_f$$

On voit que p_f n'est ni nul, ni $\neq o$, ni rationnel ni irrationnel contrairement au principe du tiers exclu. Si on pose encore n_f comme limite de la suite convergente :

$$b_1,\ b_2 \dots b_\nu \dots$$

$$\text{avec } b_\nu = \left(\frac{1}{2}\right)^\nu \text{ pour } \nu < \lambda_f \text{ et } b_\nu = \left(\frac{1}{2}\right)^{\lambda_f} \text{ pour } \nu \geqq \lambda_f$$

et si l'on fait passer la droite l par les deux points respectivement de coordonnées 1, p_f et — 1, n_f, l'axe des x et l « ne sont pas parallèles quoique leur parallélisme ne soit pas absurde... ne coïncident pas, quoique leur coïncidence ne soit pas absurde... ne se coupent pas quoique leur intersection ne soit pas absurde ». — Moins fort que le tiers exclu est le postulat de l'alternative entre absurdité et absurdité de l'absurdité ; il doit pourtant être aussi rejeté : ni l'absurdité, ni l'absurdité de l'absurdité de l'existence de λ_f ne peuvent être affirmées. On s'arrête pourtant à deux dans les superpo-

(1) BROUWER (VII), p. 161.

(2) Les récents travaux de VINOGRADOV (*C.R. Acad. Sc. U.R.S.S.*, 15 (1937), p. 169, et *Recueil mathématique de Moscou*, 1937, p. 179) obligent à abandonner cet exemple. On peut le remplacer par le suivant : la propriété, pour un nombre n, d'être le rang, dans le développement décimal de π, de la première décimale suivie de la séquence 0123456789.

sitions d'absurdités : l'absurdité de l'absurdité de l'absurdité est équivalente avec l'absurdité (1). HEYTING a développé de façon formelle (2) les conséquences de ces modifications pour une logique intuitionniste. Elles représentent les « règles universelles d'après lesquelles sont formées de façon intuitivement close à partir de théorèmes connus de nouveaux théorèmes » (3). La présence de cet élément fixe n'affecte pourtant pas le devenir de la construction mathématique : HEYTING ne voit dans son travail qu'une étude mathématique de la *langue* mathématique ; hors de celle-ci les règles qu'il formule « sont dépourvues de sens ». On est donc loin des prétentions de l'ancienne logique qui voulait régir la pensée même et poser des existences. Pour les principes qui subsistent, comme le principe de non contradiction, leur application n'est « qu'une apparence, en réalité il s'agit de l'affirmation qu'une construction mathématique qui doit satisfaire à des conditions données ne peut réussir » (4). On retrouve ici sans changement, la distinction kantienne entre « *déductions* (Beweise) acroamatiques » comme celles de la philosophie « qui se laissent conduire avec des mots (l'objet dans la pensée) et les *démonstrations* qui comme l'expression l'indique déjà, progressent dans l'intuition de l'objet » (5). Le monde d'éléments idéaux projetés par la logique pour satisfaire ses axiomes — en particulier le tiers exclu — doit disparaître des mathématiques : il n'y a pas derrière chaque problème une solution implicite-

---

(1) BROUWER (IV), p. 253. En effet si *a* implique *b*, l'absurdité de *b* implique celle de *a* : or la vérité (qui remplace la propriété *a*) implique l'absurdité de l'absurdité (*b*) : donc l'absurdité de l'absurdité de l'absurdité implique l'absurdité. Inversement puisque la vérité de *a* entraîne l'absurdité de l'absurdité de *a*, en remplaçant *a* par l'absurdité, l'absurdité entraîne l'absurdité de l'absurdité de l'absurdité.

(2) HEYTING (I) et (II).

(3) HEYTING (IV), p. 14.

(4) *Ibid.*, p. 13.

(5) KANT, *Méthodologie*, *l. c.*, p. 498.

ment attachée à ses termes, de sorte qu'on puisse parler des objets qu'elle définit comme s'ils existaient. Un problème n'apparaît soluble qu'autant qu'on le résout : « la possibilité de la connaissance ne se manifeste à nous que par l'acte de connaître lui-même » (1). D'où la nécessité d'une transformation radicale des mathématiques classiques.

D'abord le continu traditionnel ne peut subsister. WEYL avait déjà critiqué la définition de DEDEKIND (2) : si un nombre réel est une coupure ou en général une certaine propriété commune aux nombres rationnels d'un ensemble, un ensemble de nombres réels sera défini par un caractère *A* de propriétés de nombres rationnels. La borne supérieure de cet ensemble sera l'ensemble des nombres rationnels possédant la propriété *B* qu'il existe, leur convenant, une propriété quelconque de caractère *A*. Mais, ou bien la notion de propriété de nombres rationnels a déjà une extension déterminée, ce qui donne bien un sens à *B*, puisque cette propriété se réfère à la totalité des propriétés des nombres rationnels (au sein de laquelle le caractère fait un partage) et alors *B* n'en peut faire partie : contradiction. Ou bien l'existence d'une propriété est sa construction, à possibilités toujours ouvertes ; mais alors la définition de *B* suppose *B* déjà construit, sans quoi elle n'aurait aucun sens : cercle vicieux. Sur ce cercle vicieux, dit WEYL, est fondée toute l'analyse. Deux solutions : s'en tenir aux propriétés — nombres réels — effectivement construisibles à partir des nombres rationnels ; on a alors un continu dénombrable (partout dense dans le continu classique) analogue au continu borélien ; ou bien rejeter aussi comme illégitime la totalité des nombres rationnels (ou des entiers), ne reconnaître comme existant que les êtres faisant l'objet d'une construction positive. C'est la position de BROUWER, et le remar-

(1) HEYTING (III), p. 107.
(2) WEYL (II).

quable est qu'il obtient de la sorte un continu non dénombrable, de mesure non nulle qui lui permet de sauvegarder les résultats essentiels de la théorie des ensembles mesurables *B*.

D'une façon générale un « ensemble pur à détermination n-uple (finie) est une loi d'après laquelle si... un des nombres 1, 2 .. *n* est choisi, chacun de ces choix engendre une série déterminée de signes. Chaque suite de séries de signes, ainsi engendrée par une suite illimitée de choix est un élément de l'ensemble » [1]. Un ensemble se trouve donc en réalité défini par deux lois : la première restreignant la liberté des choix, la seconde coordonnant à chaque suite finie de choix autorisés un objet mathématique déjà défini. Dans le cas du continu (0 .. 1) Brouwer prend l'exemple d'un ensemble à détermination triple : la première loi restreint tout choix à trois possibilités données par le choix précédent, la 2e loi coordonne à chaque choix une fraction dyadique. Pour le 1er choix on prend :

$$a_1 = \frac{1}{4} \text{ ou } \frac{1}{2} \text{ ou } \frac{3}{4} .$$

Pour le n^{ième} :

$$a_n = a_{n-1} - \frac{1}{2^{n+1}} \quad \text{ou} \quad a_{n-1} \quad \text{ou} \quad a_{n-1} + \frac{1}{2^{n+1}}$$

« L'introduction de la construction d'ensembles, sur laquelle repose donc la multiplicité déterminée et supradénombrable du continu, n'a besoin, après appel à l'intuition mathématique primitive de la dyade — qui sert de fondement à tout l'intuitionnisme — de recourir à aucune autre notion et n'implique aussi aucun cercle vicieux... Car dans l'intuition primitive se trouve la possibilité d'une *insertion entre 2 éléments* (savoir la considération de la *liaison* comme nouvel

(1) Brouwer (VIII), p. 5.

élément) par suite aussi la construction » (1) de ces suites quelconques d'intervalles emboîtés qui permettent de définir tout nombre réel (2). La liberté dans le choix à chaque étape donne au nombre réel une mobilité qui lui permet de parcourir tout l'ancien continu géométrique. Cependant les caractères sont modifiés : n'ont de sens en général que les questions pour lesquelles « il suffit de connaître les lois ou conditions restrictives des choix » (3). Ainsi le continu n'est ordonnable (loin d'être bien ordonnable) d'aucune façon : étant donnés deux de ses éléments il est en général impossible de savoir si l'un est plus grand ou plus petit que l'autre ou s'ils sont égaux ; il faudrait, comme l'avait déjà noté BOREL, posséder « une méthode pour résoudre tous les problèmes mathématiques » (4). Tout ce que l'on peut définir est un ordre virtuel : la relation ordonnante n'est établie que pour une partie du continu dont les éléments satisfont à certaines conditions effectivement observables dans les développements qui les définissent. De même le continu est impossible à dissocier en systèmes partiels disjoints : dans toute dissociation en systèmes partiels, l'un d'eux est identique avec le continu. Les propriétés classiques de la densité en soi (5) de la séparabilité (6), de la connexion (7) dis-

---

(1) BROUWER (VIII), p. 6.

(2) Un intervalle n'est bien entendu rien de géométrique : dire qu'au $n^{ième}$ choix le nombre est dans l'intervalle $\left(\frac{1}{2^n} \dots \frac{1}{2^{n+1}}\right)$ revient à dire que dans son développement binaire, le $n^{ième}$ terme est 1 et le $n + 1^{ième}$ 0.

(3) HEYTING (IV), p. 21.

(4) BROUWER, *ibid.*, p. 8.

(5) Si on appelle *élément principal* d'un ensemble tout élément limite d'une suite dénombrable croissante ou décroissante d'éléments de l'ensemble, un ensemble est *dense en soi* si chacun de ses éléments est élément principal.

(6) Un ensemble ordonné E est *séparable* s'il existe une suite dénombrable S de ses éléments telle qu'entre deux éléments quelconques de E il y ait un élément de S.

(7) Un ensemble ordonné E est *connexe* si dans toute dissociation de E en deux parties E_1 et E_2 telles que tout élément de E_1 précède tout élément de E_2, E_1 ait un dernier élément et E_2 pas de 1er élément, ou E n'ait pas de dernier et E_2 ait un 1er élément.

paraissent : elles sont remplacées par des propriétés dont la définition fait intervenir de façon effective la construction des éléments. Ainsi pour la densité en soi : on définira dans le continu « virtuellement ordonné » un *intervalle fermé* $(a\ b)$ comme le système des éléments c du continu pour lesquels ni les relations $c>a$, $c>b$, ni les relations $c<a$, $c<b$ ne peuvent subsister simultanément (n'interviennent que les éléments c dont la loi de définition permet d'énoncer l'affirmation précédente). Un élément est entre a et b s'il est distinct de a et b et cependant appartient à l'intervalle fermé $(a\ b)$ (il est évident que si la relation $a<b$ est établie on retombe sur la définition habituelle). Enfin un élément e est dit élément principal de l'ensemble s'il existe une suite indéfinie d'*intervalles fermés* distincts contenus les uns dans les autres, contenant tous e et tel que tout élément qui leur est commun à tous soit identique avec e. Dans ces conditions tout élément est — par définition même du continu — un élément principal : le continu est dense en soi.

La mathématique intuitionniste se caractérise non seulement par cette introduction exclusive de propriétés dont l'appartenance à un objet soit toujours effectivement décidable d'après la manière dont est donné l'objet, mais aussi par la juxtaposition de définitions positives à côté des définitions négatives de la mathématique classique. Puisqu'un point est déterminé par une suite d'intervalles emboîtés, *coïncidence* ou *séparation* de deux points seront définissables positivement : deux points *coïncident* (dans le continu linéaire) si tout intervalle de l'un (servant à sa définition) contient un intervalle de l'autre et réciproquement ; deux points sont *séparés* (entfernt) ou *distincts localement* si l'on peut indiquer un intervalle du premier et un intervalle du second qui soient extérieurs l'un à l'autre ; on écrit alors $a \# b$. S'il est seulement absurde que a coïncide avec b on retrouve la relation négative classique — évidemment moins utilisable — $a \neq b$ (a distinct de b). On peut encore introduire la *distinction rigoureuse* [1] lorsque le complémentaire (par rapport au continu virtuellement ordonné) de l'intervalle ouvert (a b) (c'est-à-dire des points de l'intervalle fermé a b distincts de a et de b) peut se *dissocier* en deux parties (c'est-à-dire est la réunion de deux parties disjointes) dont l'une est telle que ses éléments sont $\leqq a$ et $\leqq b$ et l'autre telle que ses éléments sont $\geqq a$ et $\geqq b$.

Comme on le voit le développement transformé de la théorie classique des ensembles de points exige à côté de la notion constructive d'ensemble l'intervention d'une autre notion, celle de système ou *species*, propriété d'objets mathématiques déjà donnés par une construction (la définition de la species à la différence de celle de l'ensemble n'engendre pas ses éléments) : tels sont les intervalles, leurs complémentaires, leurs parties. Une species est à son tour un objet mathématique : d'où la possibilité de superposer des species de species, etc... — Une partie des résultats de CANTOR et de ses continuateurs sont retrouvés ; la théorie abstraite des ensembles par contre disparaît presque entièrement, de même que la théorie des ensembles analytiques, de la mesure au sens LEBESGUE, etc... — Pour le reste des mathématiques méthodes et notions sont profondément transformées. Il est incorrect, remarque HEYTING, de se demander ce qui, des mathématiques classiques, subsiste dans l'intuitionnisme car « Il n'est pas vrai que celui-ci ne soit qu'une partie de celles-là : d'une part l'intuitionnisme dédouble les notions classiques de sorte qu'une théorie classique se sépare en différentes théories parallèles, d'autre part il substitue aux notions classiques d'autres notions d'une nature tout à fait différente et quelquefois en forge ne correspondant pas à des notions déterminées des mathématiques classiques... La mathématique nouvelle pourra se développer .. en un

(1) BROUWER (VIII), p. 10.

tout aussi imposant et harmonieux que l'ancienne mais elle sera d'une nature toute différente » [1].

Tel est le résultat, à première vue au moins, surprenant de cet effort pour éliminer les paradoxes par restitution du spécifiquement mathématique. Au lieu de fonder l'édifice donné, BROUWER en construit un autre à côté. Mais quels que soient la hardiesse et l'intérêt de l'entreprise, on comprend la répugnance de la majorité des mathématiciens : il y a dans le « tout imposant et harmonieux » de la mathématique traditionnelle des méthodes dont la fécondité a subi mainte épreuve, des notions dont le sens — quoique rejeté pour les brouwériens — ne semble pas résulter de la convergence accidentelle de malentendus. Avant que le sacrifice en soit admis tous les moyens de sauvegarde doivent être essayés, à commencer par la transformation d'une logique insuffisante sous sa forme primitive. Aussi bien est-ce le développement même de la technique qui l'exige : l'apparition et l'importance croissante de la méthode axiomatique élaborée au XIXe siècle en quelque sorte sous la contrainte des problèmes pose en termes nouveaux la question du rapport entre logique et mathématique. Quoiqu'une axiomatique n'ait pour lui de sens que dans la mesure où se trouve effectivement construit un système d'objets entre lesquels sont vérifiées les relations qu'elle pose, BROUWER ne peut refuser à la nouvelle méthode une « valeur heuristique », pas plus d'ailleurs que la justifier dans sa doctrine. — C'est au contraire d'une réflexion approfondie sur les raisons de sa fécondité — dont il fit un des premiers la découverte — que HILBERT est parti pour l'élaboration de son système formaliste. Pour lui, comme pour les logicistes, la notion de démonstration prend un sens original que ne pouvait soupçonner KANT et qui échappe à son dilemme, parce qu'il en est séparé par toute l'épaisseur des formalisations sponta-

(1) HEYTING (V), p. 10-11.

nées effectuées au cours du XIXe siècle. Dans la ligne de leur enchaînement, hilbertisme et logicisme prennent leur aspect véritable : si tout doit être sauvé dans le développement conceptuel des mathématiques — où les mathématiciens sont tentés de voir sous l'accidentel historique un devenir objectif — leur raison d'être est d'essayer à la fois d'en continuer le mouvement et d'en justifier les résultats.

CHAPITRE I

Axiomatisations et formalisations au dix-neuvième siècle

DE GAUSS ET BOLZANO A RUSSELL ET HILBERT

La double crise de rigueur du début du XIXe siècle provoque une remise en question des principes et des notions fondamentales de la géométrie et de l'analyse. L'utilisation plus poussée des nombres complexes et des séries infinies porte les premières atteintes à la notion naïve d'évidence. D'abord par les paradoxes attachés aux instruments eux-mêmes : L. BRUNSCHVICG analyse (1) en détail les difficultés qui ont retardé l'incorporation du nombre imaginaire au système des représentations mathématiques ; il fallait que « l'équation $i^2 = -1$... participe par quelque biais à la vérité dont les opérations sur les nombres réels ont paru susceptibles » (2). Or, ici « l'évidence rationnelle et l'évidence sensible font également défaut » ; de même pour les séries infinies qu'une assimilation trop hâtive faisait traiter comme des sommes finies : sans l'absolue convergence pas de commutativité entre les termes, sans la convergence uniforme pour les séries entières pas de possibilité d'intégrer terme à terme. Ce qui va de soi n'est donc plus critère du véritable, l'esprit doit contamment se défier de son geste

(1) L. BRUNSCHVICG (I), p. 542-550 : La notion d'imaginaire.
(2) *Ibid*, p. 543.

spontané : or, il ne s'agit pas d'un domaine artificiel, juxtaposé provisoirement par la technique aux mathématiques réelles, fondées sur l'intuition. Ce sont ensuite les résultats obtenus grâce aux nouveaux instruments qui amènent à transformer tout le système mathématique : modèles non euclidiens et géométrie projective construits à l'aide des nombres complexes, théorie des fonctions arbitraires représentées par les séries trigonométriques. La fécondité est l'instance devant laquelle tout refus au nom de l'évidence s'avère préjugé : les mathématiques réelles initiales ne sont plus qu'un cas particulier situé au sein des mathématiques nouvelles, expliqué par elles. Mais où se trouve maintenant le critère de certitude ? seul un exemple a pu montrer à CAUCHY qu'il n'avait pas le droit d'intégrer toujours terme à terme une série; pour prévenir ces expériences, une réédification logique rigoureuse apparaissait le seul remède.

Dès 1810 BOLZANO se proposait de jeter les bases d'une nouvelle logique comme *Contribution à une représentation bien fondée des mathématiques* (1). Aux savants de son temps KÄSTNER, CLAIRAUT, LAGRANGE qui font appel à l'intuition géométrique (2) et ne se préoccupent que de créer la conviction, il oppose EUCLIDE et ses prédécesseurs. « Qui la lecture des *Eléments*, L. I, Prop. 5, a-t-elle rendu plus certain que dans un triangle isocèle les angles à la base sont égaux ? (3) » Le but de la science est différent : « dans le système de tous les jugements vrais règne une connexion objective indépendante du fait contingent que nous la connaissons subjectivement ; c'est par elle que certains juge-

(1) « Mathématique est une science qui traite des lois universelles (formes) d'après lesquelles les choses doivent se disposer dans leur être... [ou] lois des conditions de leur possibilité. » BOLZANO (I), p. 17.

(2) A propos du théorème fondamental de l'analyse. BOLZANO (II), p. 5. Nous étudions la démonstration de BOLZANO, elle-même non rigoureuse, in CAVAILLÈS (III), p. 11-13.

(3) BOLZANO (I), p. 32.

ments sont le fondement des autres » (1). Pour manifester ces relations de dépendance objective — c'est-à-dire *démontrer* — il importe de recenser les notions simples irréductibles et les principes premiers. De ceux-ci, définis comme relations entre des concepts simples, l'indémonstrabilité doit être à son tour « non démontrée mais déduite... partie essentielle du travail scientifique » (2). Fonder les mathématiques est donc à la fois isoler les principes et décrire les modes d'enchaînement logiques, programme pour lequel BOLZANO manquait d'instruments — il essaye, de façon assez curieuse, de déborder le cadre du syllogisme (3) — mais que ses successeurs devaient réaliser. Deux tendances apparaissent en effet qui se juxtaposeront au long du XIXe siècle et agiront, l'une plutôt sur l'analyse, l'autre sur la géométrie. La première critique la logique, la ramène à un formalisme : si les habitudes mêmes de pensée doivent être abandonnées, le substitut de l'évidence intuitive sera cette évidence sensible particulière que constitue l'aperception des symboles. Les opérations intellectuelles effectives sont remplacées par un jeu mécanique dans lequel on a confiance parce qu'on en a donné une fois pour toutes les règles. Ainsi la mathématique puisqu'elle n'est qu'enchaînements de raisons (et non plus d'intuitions) s'incorporera à une logique formelle élargie : l'aboutissement est le logicisme des systèmes de FREGE et de DEDEKIND, continués par RUSSELL. La seconde au contraire laisse intact le raisonnement logique traditionnel : ce qui importe est l'analyse des notions et des principes initiaux, exactement recensés et à partir desquels il suffit ensuite de déduire correctement ; elle provoque toute l'exploration

(1) *Ibid.*, p. 31.
(2) *Ibid.*, p. 56.
(3) Il distingue, par exemple, le schéma : « *A est B* et *A est C* entraîne *A est B et C* » ou encore « *A contient M* et *la réunion de A et B est possible* entraîne *la réunion de A et B contient M* » (*ibid.*, p. 44).

abstraite de la représentation spatiale, de GAUSS à RIEMANN, aboutit à l'axiomatisation de PASCH, à celle perfectionnée des *Grundlagen* de HILBERT. Ainsi s'élabore, dans l'épreuve même de son efficacité, la méthode axiomatique. Enfin, au confluent, le système de HILBERT, le formalisme proprement dit.

Le recours aux symboles est exigé par l'extension des opérations : si l'addition ordinaire possède l'évidence immédiate que lui reconnaît KANT, il faudra pour définir des espèces diverses d'additions ne plus procéder que par maniement de signes suivant des règles. Or, il faut élargir le calcul. Puisque les objets ne déterminent pas, dans une intuition désormais impossible, leur mode d'emploi spécifique, ils ne seront que des supports pour un certain traitement : la certitude de leur connaissance — et son contenu — ne peuvent provenir que de l'exact enchaînement des opérations qui leur conviennent. Donc, autant de calculs que de théories mathématiques et un calcul général qui les subsume tous et qui ne peut être qu'une théorie formelle des opérations. Ainsi, au début de l'*Ausdehnungslehre*, GRASSMANN rejette l'usage de la géométrie analytique : ce serait bien une méthode pour dérouler abstraitement la géométrie, mais non exactement adaptée à son objet. Il faut abandonner cette « malencontreuse habitude d'introduire des coordonnés arbitraires qui n'ont rien à voir avec la question et obscurcissent les idées : le calcul devient un développement mécanique de formules étranger et mortel à l'esprit » (1). Or, si la formalisation donne un mécanisme, elle n'a d'intérêt et de raison d'être qu'autant qu'elle fait apparaître les liaisons véritables constitutives de la théorie, ce doit être au sens BOLZANO une *Begründung* : elle est le seul sens de la théorie. Dans le calcul géométrique par exemple « non seulement les formules dissymétriques et compliquées... deviennent

---

(1) GRASSMANN (I), t. I, 1, p. 9.

symétriques et très simples, mais... tout progrès d'une formule à une autre apparaît immédiatement comme l'expression symbolique d'un enchaînement parallèle de concepts ».

Pour le calcul général on sait que les propriétés formelles de l'addition et de la multiplication — commutativité, distributivité, etc. — étaient déjà l'objet des travaux de l'école algébriste de Cambridge (PEACOCK, de MORGAN...) et les quaternions de HAMILTON donnaient occasion d'utiliser effectivement les variations imaginées dans leurs lois. Le mérite de GRASSMANN est d'avoir atteint du premier coup à la fois l'abstraction la plus complète et les applications les plus étendues. Addition, comme multiplication ne sont plus que deux opérations « synthétiques » (HANKEL dit thétiques) dont les propriétés sont déterminables arbitrairement suivant le rapport que l'on veut établir entre elles et avec les opérations inverses — ou analytiques (lytiques, pour HANKEL) : si l'on exige l'univocité du résultat obtenu par la superposition de deux espèces synthétiques distinctes, il faudra poser la distributivité de la seconde par rapport à la première, la commutativité de la première. Commutativité, associativité, d'ailleurs, valent pour un nombre quelconque de termes, aussitôt qu'on les a démontrées pour trois. Ce sont là des considérations de simple combinatoire, dont GRASSMANN, et surtout HANKEL, affirment la pureté formelle c'est-à-dire l'indépendance par rapport à la « substance des objets » (1). Le symbolisme, qui garantit aux opérations représentation distincte et superposition compliquée, passe au premier plan : « un nombre [formel] est l'expression de certaines relations formelles que des objets arbitraires ont entre eux ; un système de nombres représente une suite systématiquement ordonnée de telles relations ou liaisons » (2).

---

(1) HANKEL (I), p. 1.
(2) *Ibid.*, p. 36.

Reste à définir un processus de diversification grâce auquel s'ordonnent et parfois s'engendrent les calculs particuliers. HANKEL, après PEACOCK, formule le *principe de permanence des lois formelles* : « si deux formes exprimées en signes généraux de l'*arithmetica universalis* sont égales entre elles, elles doivent aussi rester égales lorsque les signes cessent de désigner des grandeurs simples et lorsque, par suite, les opérations reçoivent un autre contenu réel » (1). Mais il n'y a là qu'une règle négative dont, aussi bien, l'autorité ne peut être absolue. Les lois formelles, si elles étaient toutes conservées, ne laisseraient qu'un calcul ; on les conserve ou modifie suivant l'intérêt pratique d'une théorie déjà en train : la multiplication ne sera pas commutative pour le produit extérieur de deux vecteurs (c'est-à-dire le produit vectoriel, aire du parallélogramme construit sur eux, affectée d'un signe déterminé par le sens de rotation dans le plan), elle le sera pour leur produit intérieur (produit scalaire, produit de la longueur d'un des vecteurs par celle de la projection de l'autre sur lui) ; dans le premier cas également, il faut abandonner l'exigence qu'un produit ne s'annule que lorsqu'un des facteurs est nul : suppression de l'univocité du résultat. — Des complications peuvent aussi être introduites par la considération simultanée de plusieurs espèces de signes ou unités obéissant chacun à ses lois propres. Ainsi un nombre complexe le plus général s'écrira :

$$\alpha = a_1 \alpha_1 + a_2 \alpha_2 + \ldots + a_n \alpha_n$$

(les coefficients a_n étant les nombres ordinaires) et l'on aura, par exemple, autant de *sortes de multiplications* (2) qu'il est possible d'établir d'équations de condition (c'est-à-dire de relations entre les produits) des différentes unités. Par elles, GRASSMANN établit de façon plus simple et plus générale les

(1) HANKEL (I), p. 11.
(2) GRASSMANN (III).

résultats obtenus par CAUCHY au moyen de ses « clefs algébriques ». Mais ces abstractions ne sont pourtant que relatives : GRASSMANN se laissait guider par la considération des figures dont il prétendait éviter l'aide intuitive ; le parallélogramme est l'image du produit de deux vecteurs. L'unité, l'homogénéité des différents éléments engendrés par les opérations a pour support les mouvements corrélatifs des objets géométriques : l'addition des segments correspond au déplacement du point les parcourant ; la commutativité est garantie par l'égale possibilité d'atteindre de deux façons différentes l'extrémité de la diagonale. De même, la multiplication est déplacement d'un segment dans le plan. Cette imagination géométrique latente, si elle rassure pour l'unité de l'édifice et maintient une liaison continue avec les objets réellement étudiés, détruit en même temps son caractère abstrait. Il n'y a plus ici développement logique d'un formalisme, mais formalisation d'opérations dont la raison d'être se trouve ailleurs. HANKEL [1] fait nettement la distinction entre « mathématique pure » qui ne connaît ni αἰτήματα ni κοιναί ἔννοιαι et la théorie des grandeurs où il rejette aussi bien l'étude des nombres complexes que celle des nombres irrationnels. Déjà, pour ceux-ci, il est vain de se limiter au symbolisme opératoire : les nombres rationnels suffisent pour l'univocité de résultat des quatre opérations : quant « aux autres problèmes que pose chaque fois l'introduction de nouveaux signes, il faut renoncer à les considérer de façon exhaustive ; on se perdrait dans un immense labyrinthe, s'il fallait se tenir exclusivement au point de vue d'une construction purement formelle des nombres ». L'existence et les propriétés des nombres irrationnels sont basées sur les propriétés du continu linéaire ; « la mise en ordre de nos nombres en une suite continue... enveloppe déjà le concept de grandeur étendue.

(1) HANKEL (I), p. 56.

Toute tentative pour traiter les nombres irrationnels formellement et sans le concept de grandeur doit conduire aux artifices les plus abstrus et embarrassés » (1). Il faut donc passer des nombres « formes abstraites de la pensée synthétique du discontinu » (2), à la mathématique concrète où les nombres « expriment des relations actuelles entre des objets », telles que les relations de grandeur « immédiatement données dans l'intuition » (3) ; de même les nombres complexes ordinaires, et toutes leurs généralisations reçoivent leur définition et leur traitement systématique d'une représentation dans le plan ou sur la sphère.

Mais sur quoi baser cette seconde mathématique et quel critère de vérité lui appliquer ? HANKEL remarque que la théorie des proportions d'EUCLIDE permet de fonder la notion de nombre irrationnel : si une relation est prouvée par des considérations de similitude entre les segments a, b, c, quelle que soit l'unité dont on les mesure, elle existe également entre les coefficients A, B, C, de cette unité u une fois choisie (arbitrairement, on pose : $a = Au$, $b = Bu$, etc...) : les nombres qui la fixent alors seront en général irrationnels. Mais « si la théorie de la similitude perd sa vérité, les relations de grandeur... ne se réduisent plus à des relations numériques... Or, le cas se présente avec la géométrie transcendentale développée par GAUSS » (4). La juxtaposition des différentes géométries en pleine égalité se trouve donc impossible : il faut que la géométrie euclidienne soit préalable pour fonder le nombre irrationnel et de là le nombre complexe. La façon même dont se superposent ces complications reste obscure comme cette imprécise intuition qui vient faire échec au formalisme intégral. En réalité le point de départ avait été trop ambitieux : au lieu d'étudier d'em-

(1) *Ibid.*, p. 46.
(2) P. 47.
(3) P. 48.
(4) P. 66.

blée la notion abstraite d'opération symbolique, qui suppose d'ailleurs plus ou moins cachée celle de nombre entier, le plus simple est de prendre celle-ci comme élément initial inexpliqué et d'étudier de quelle façon s'engendrent à partir d'elle les divers objets mathématiques. C'est évidemment un double renoncement du formalisme : origine admise par pure constatation, description ensuite d'un processus de généralisation que l'on doit également reconnaître d'emblée valable. Mais le renoncement n'est que provisoire : l'analyse critique dégage, aussi bien dans la notion primitive de nombre que dans la nécessité sous-jacente aux généralisations, ce qui constitue l'essence du raisonnement mathématique, et, le dissociant de son aspect historique, pourra le rétablir, grâce au formalisme, dans son authenticité de système rigoureux. Telle est — à ce degré de généralité — la méthode commune à DEDEKIND et aux logicistes stricts FREGE, PEANO, RUSSELL.

En 1854, dans son discours d'habilitation (1), DEDEKIND se demandait à quelle loi obéit le progrès des mathématiques, « les élargissements des définitions ne laissent aucune place à l'arbitraire mais suivent avec une absolue nécessité des définitions primitives si l'on applique le principe que les lois qui découlent de celles-ci et sont caractéristiques des concepts qu'elles introduisent ont une validité universelle » (2). Ce n'est pas le principe de HANKEL qui n'a qu'une valeur « analytique », c'est-à-dire, « dirige mais ne démontre pas ». Ici intervient la nécessité dans un double mouvement : d'une part, l'opération restreinte posée exige, soit en elle-même, soit par son rapport aux opérations déjà existantes, un élargissement du champ des individus sur lesquels elle porte ; d'autre part, dans ce nouveau champ, les relations posées provoquent la substitution d'une nouvelle

---

(1) DEDEKIND (III), t. III, p. 430.
(2) *Ibid.*, p. 431.

définition à la définition initiale. Ainsi les opérations arithmétiques — et les problèmes qui y sont liés — engendrent les champs des nombres algébriques, réels, complexes ; l'élévation à la puissance n'a plus de signification si l'exposant n'est pas un nombre entier, mais le théorème d'addition des exposants donne une nouvelle définition valable, cette fois, universellement :

$$x^{a+b} = x^a . x^b.$$

Le choix n'est pas arbitraire : toute définition posée engendre immédiatement les fils de liaison avec le système existant, c'est leur faisceau tout entier qui est, en réalité, pris comme nouvelle définition, que l'on condense seulement au maximum. D'autre part, l'élargissement n'est pas obtenu par une combinaison avec d'autres opérations de la définition primitive : on pourrait le croire, quand il s'agit d'arithmétique ou d'algèbre, mais en analyse, l'intégration, par exemple, définie originairement comme opération inverse de la différentiation, ne se laisse pas ainsi généraliser : il faut concevoir l'intégrale comme limite d'une somme, pour qu'elle apparaisse dans sa véritable signification indépendante, sans perdre pour cela sa relation réciproque avec la différentiation. Quel sens revêt cet engendrement nécessaire de concepts nouveaux — quelle conséquence pour le problème du fondement des mathématiques, DEDEKIND ne l'a jamais explicité : dans la préface à la 1re édition de *Was sind und was sollen die Zahlen* ? il rappelle ce discours « dont l'esprit fut approuvé par GAUSS » pour l'opposer à la conception arithmétiste de l'analyse. Après avoir cité le mot de DIRICHLET « que tout théorème d'algèbre ou d'analyse se laisse traduire en un théorème sur les nombres entiers » : « je ne vois rien de méritoire — et c'était aussi loin de la pensée de DIRICHLET — dans l'entreprise effective de cette traduction. Au contraire, les plus grands et les plus fructueux progrès en mathématique ont été le résultat de la création et de l'introduction de nouveaux concepts, après que le retour fréquent de phénomènes complexes y a forcé le savant » [1]. De ce dynamisme interne de la mathématique autonome, à défaut de théorie, nous voyons une première représentation dans *Stetigkeit und irrationale Zahlen*. Le continu numérique ne saurait être expliqué par des images géométriques. D'autre part, le système des nombres rationnels forme « un corps » relativement aux quatre opérations. Mais ils ont une autre propriété, d'importance plus grande pour l'analyse, « ils constituent un domaine bien ordonné et infini dans les deux sens, à une dimension ». Ceci n'est pas une image géométrique, mais la condensation de trois propriétés dont l'énoncé est à la fois la conséquence nécessaire des opérations mathématiques qui ont engendré le système et sa définition exhaustive : ordre, entre deux éléments il y en a une infinité, tout élément divise le système en deux classes dont les individus possèdent la même relation d'ordre par rapport à lui. Mais il y a des coupures du système auxquelles ne correspond aucun élément ; intervention de la mathématique en acte : la relation d'ordre entre des carrés et un nombre lui-même non carré. On appellera continuité d'un système possédant déjà les trois premiers caractères, la possibilité pour lui d'établir une correspondance biunivoque entre ses éléments et ses coupures. Définition dont la façon même dont elle est obtenue montre qu'elle satisfait à toutes les exigences de l'analyse : sa nécessité est garante de son caractère exhaustif. Le report à la droite n'est qu'un allègement, il est inutile de chercher pour elle, ni comme signification ni comme fondement, autre chose que la relation mathématique exacte qu'elle explicite [2].

---

(1) DEDEKIND (II) *in* (III), p. 338.

(2) On voit le progrès sur HANKEL qui écrivait en 1867 : « interpoler le nombre irrationnel dans la mathématique pure grâce au concept de limite me paraît entièrement opposé à la nature de la chose parce que justement un tel concept de limite repose sur la représentation du plus grand et du

Ainsi apparaît une espèce nouvelle d'énoncés qui ne doivent rien, ni à l'intuition (comme les définitions de grandeurs pour GRASSMANN et HANKEL), ni à l'expérience et dont pourtant le contenu n'est ni vide ni le résultat de déterminations arbitraires (comme dans la mathématique formelle de HANKEL). L'indépendance et la sûreté qu'ils procurent aux mathématiques ne sont pourtant pas absolues : chaque énoncé est conditionné par une activité mathématique antérieure. Sur quoi repose le système total ? c'est, en somme, la question de *Was sind und was sollen die Zahlen* ? et la réponse est donnée dès la première page : « l'arithmétique (l'algèbre, l'analyse) n'est qu'une partie de la logique... le concept de nombre est une émanation immédiate des pures lois de l'entendement » (1). Mais il n'est plus question de logique dans la suite, et de véritables logicistes comme FREGE ne s'y sont pas trompés : « il n'y a nulle part chez lui une énumération des lois logiques ou autres sur lesquelles il se fonde... il dit bien que la théorie des nombres est une branche de la logique, mais son livre concourt fort peu à le montrer, car les expressions qu'il emploie : « système », « une chose appartient à une chose », ne sont pas usuelles dans la logique et ne peuvent être ramenées à rien de logique » (2). La solution est de supprimer toute référence à une activité de l'esprit : au lieu de système « objets rassemblés dans l'esprit sous un même point de vue », on parlera de concept ; au lieu d'application (Abbildung), de relation (Beziehung). Les définitions seront les descriptions de classes d'objets déjà donnés : « le nombre cardinal (Anzahl) qui appartient au concept F est l'extension du concept : *concept de nombre égal au concept* F, si nous nommons un concept F, *de nombre égal* à un concept G, lorsqu'il est pos-

---

plus petit et sur la mise en ordre de nos nombres en une suite continue qui enveloppe déjà le concept de grandeur extensive » (HANKEL (I), p. 46).

(1) DEDEKIND (II), p. 335.

(2) FREGE (II), t. I, p. VIII.

sible d'établir une coordination univoque et réciproque » (1), coordination uniquement fondée sur des relations logiques. D'où la conséquence immédiate, réalisme, corrélat nécessaire du logicisme : « le mathématicien ne peut pas créer arbitrairement quelque chose, aussi peu que le géographe ; lui aussi doit seulement découvrir ce qui est là et lui donner un nom » (2). Or, c'est justement l'opposé de la pensée de DEDEKIND : les nombres sont bien pour lui, comme ils étaient pour HANKEL — contre qui s'insurge également FREGE — des créations de l'esprit humain : « je conseillerais plutôt, écrit-il à WEBER (3), de ne pas entendre par nombre (cardinal : Anzahl), la classe même, mais quelque chose de nouveau... que l'esprit engendre. Nous sommes de race divine et possédons... le pouvoir de créer ». Ainsi, le nombre irrationnel n'est pas la coupure, mais représente quelque chose de nouveau « qui correspond à la coupure et dont je dis qu'il l'engendre ». Cette activité de l'esprit se manifeste dans une seule opération, l'application (Abbildung, c.-à.-d. coordination univoque des éléments d'un système aux éléments d'un autre système) et son itération suivant des schémas de plus en plus compliqués, dont en temps ordinaire nous ne voyons pas les détails, comme en lisant nous passons des lettres, suffit pour édifier toute l'analyse à partir de la simple numération : « que fait-on pour compter ? appliquer (abbilden) » (4). Par l'*application* se définissent les systèmes infinis, la suite des entiers qui est leur intersection commune, et les deux procédés caractéristiques de l'arithmétique : raisonnement d'induction complète et définitions par récurrence. Grâce à eux l'ouvrage donne le développement effectif des premiers éléments de la théorie des nombres. Ce

---

(1) FREGE (I), p. 117.

(2) *Ibid.*, p. 108.

(3) 24 janvier 1888 *in* DEDEKIND (III), t. III, p. 484.

(4) Première ébauche de *Was sind u. was sollen die Zahlen* ? (1887) manuscrit conservé à la Bibliothèque de l'Université de Göttingen.

n'est pas une reconstruction — comme l'arithmétisation de KRONECKER, — c'est la théorie elle-même lorsque notre « entendement à marches (Treppenverstand) n'en veut sauter aucun degré . « In Anfang war die Abbildung » (1).

Le recours à l'activité de l'esprit, s'il permet de comprendre le développement imprévisible des mathématiques, lui confère en même temps une rigueur et une intelligibilité parfaites, à condition d'admettre comme claires et distinctes les notions corrélatives de système et d'application. On sait comment le paradoxe de RUSSELL montra en 1903 qu'il y avait là une illusion : la définition de la suite des nombres était en particulier condamnée et DEDEKIND se refusa longtemps à rééditer son ouvrage. L'utilisation des notions naïves de la théorie des ensembles — même précisées comme avait eu soin de le faire DEDEKIND en des énoncés qui ont servi à ZERMELO pour axiomatiser la théorie — a l'inconvénient de fonder les mathématiques sur une partie des mathématiques et justement la moins assurée. Les logicismes se heurtent à la même difficulté malgré le déguisement de systèmes en classes logiques : FREGE reconnaissait en post-scriptum (2) au 2e volume des *Grundgesetze* que la base de son œuvre — l'axiome 5 dit de compréhension — était ébranlée.

Ils crurent pourtant trouver une assurance dans une formalisation aussi complète que possible. Deux ans après DEDEKIND, PEANO avait présenté dans ses *Arithmetices principia novo methodo exposita* un contenu analogue mais entièrement étalé en symboles : les définitions sont empruntées au manuel d'arithmétique de GRASSMANN (3) ; dans les démonstrations, utilisation exclusive de l'induction complète (sans réduction à l'application). L'arithmétique deve-

---

(1) Lettre inédite à G. CANTOR (manuscrits de Göttingen).

(2) FREGE (II), t. II, p. 253.

(3) GRASSMANN.

nait un recueil de formules, possibles à obtenir à partir de formules initiales au moyen d'un certain nombre de règles non justifiées. C'est le même procédé que RUSSELL devait étendre à une partie de l'analyse en bâtissant le monument des *Principia* : les formules initiales sont plus nombreuses, les règles plus compliquées. Peut-on parler encore de fondement par réduction au logique ? A condition d'étendre démesurément le logique, de revendiquer l'évidence pour maintes règles qui paraissent d'un intérêt surtout technique pour le formalisme plutôt qu'issues directement de réflexions logiques. Aussi bien RUSSELL renonce-t-il à caractériser expressément les propositions logiques pures, sinon comme *tautologies*, transposition ou prolongement — dans l'intention — de l'ancienne définition (proposition dont la négation est contradictoire) : il s'agit d'une impression psychologique non d'une propriété objective. D'autre part dans l'édifice même apparaissent des axiomes manifestement rebelles à ce critère : ainsi l'*axiome de l'infini*, proposition synthétique (affirmation de l'existence d'une infinité d'individus) dont RUSSELL reconnaît que « quoique possible à énoncer en termes logiques il ne peut être affirmé comme vrai par la logique » (1). C'est plutôt une hypothèse et la partie des mathématiques qui en dépend sera soigneusement séparée du reste. De même pour l'*axiome de choix*. Enfin un axiome que ni l'intuition ne procure ni l'expérience ne recommande s'avère indispensable pour les besoins propres de l'entreprise de RUSSELL, l'*axiome de réductibilité* (2) qui permet d'atteindre la théorie des nombres réels tout en évitant les paradoxes. A son sujet RUSSELL manifeste l'insouciance d'un empirisme qui prolonge — et aggrave — le réalisme de FREGE (3) : les constructions « sym-

---

(1) RUSSELL (I), p. 241.
(2) V. ci-après, ch. III.
(3) Cf., en particulier, la préface de WHITEHEAD AND RUSSELL (I), 2e éd.,

bolico logiques » (comme celles où interviennent ensembles et nombres) ne sont que des moyens de décrire des relations qui existent indépendamment d'eux, en soi en quelque sorte, entre objets. Il y a donc à la fois traduction de ce qui est, et commodités pour la traduction : tel l'axiome de *réductibilité*. Pour le nombre, la définition de FREGE est conservée : propriété de concepts dont l'extension peut être mise en correspondance biunivoque ; aussi n'apparaît-il qu'au milieu de l'édifice.

* * *

La représentation formelle se préoccupe surtout des modes d'enchaînement quelles que soient les propositions initiales. On conçoit que l'origine de celles-ci, l'exacte investigation des notions et des postulats cachés aient surtout préoccupé les géomètres. Aussi bien EUCLIDE avait-il donné un modèle dont il est curieux que les mathématiciens du XVIIe et du XVIIIe siècle n'aient pas repris l'esprit : peut-être la secousse encore récente de la découverte des nombres irrationnels était-elle responsable de ce besoin critique de recensement, de cette méfiance envers le non explicité. Quelle que soit l'importance de la réussite, le point de vue axiomatique n'est pas encore atteint : d'une part les notions ne sont pas exhaustivement décrites, il y a dans les définitions simple renvoi à une intuition sensible supposée — ainsi le point est « ce qui n'a pas de parties », la ligne « longueur sans largeur » —, d'autre part le caractère apodictique d'αἰτήματα comme de κοιναὶ ἔννοιαι n'est pas mis en doute. Ceci est peut-être la raison pour laquelle l'œuvre critique d'EUCLIDE n'a pas été continuée : on y voyait seulement élégance de présentation ; jusqu'à la fin du XVIIIe siècle, si l'on s'occu-

et le chapitre de FRAENKEL consacré au problème du fondement in FRAENKEL (II), p. 254-268.

pait du postulat des parallèles, ce n'était que pour le fonder sur les autres. Il s'agissait seulement de s'en passer, comme EUCLIDE avait fait pour ses 28 premières propositions. C'est probablement l'analogie entre les résultats obtenus ainsi, — par exemple pour la mesure de l'aire du triangle — et ceux de la géométrie sphérique qui, suppose DEHN, « conduisit LAMBERT le premier à la conviction qu'une géométrie raisonnable était possible sans axiome des parallèles » (1). Mais il fallait pouvoir y définir les relations de façon abstraite. Comme on l'a déjà vu, le calcul des grandeurs, par suite la géométrie analytique, la définition des groupes de déplacements dépendaient de la théorie des parallèles. Disharmonie logique assez tôt ressentie par les géomètres ; la théorie des parallèles et celle des proportions « duo maculæ in pulcherrimo geometriæ corpore », disait Henry SAVILE en 1621. Il fallut l'intervention des imaginaires pour déduire de la trigonométrie sphérique une trigonométrie qui définisse le groupe des déplacements dans un plan non soumis au 5e postulat. Ainsi une géométrie où la somme des angles du triangle soit plus petite que deux droits apparaît à GAUSS « absolument conséquente » parce qu'il y peut « résoudre analytiquement tout problème jusqu'à la détermination d'une constante qui ne se laisse pas fixer *a priori* » (2) (constante qui, infinie, donne la géométrie euclidienne). Après SCHWEIKART et TAURINUS, BOLYAI et LOBATCHEWSKY déterminent entièrement cette trigonométrie « pseudo-sphérique ». On sait comment les recherches abstraites de RIEMANN *Sur les hypothèses qui servent de base à la géométrie* l'amènent à retrouver — sans doute indépendamment — les mêmes résultats. RIEMANN seulement s'occupe d'un espace borné pour lequel il suppose : 1° que ses points constituent une multiplicité continue à trois dimensions ; 2° que

(1) M. DEHN (I), p. 192.
(2) L. à TAURINUS, 8 nov. 1824. *Ges. W.*, VIII, p. 187.

dans l'infiniment petit la géométrie euclidienne vaut ; 3° que l'espace est applicable sur lui-même sans modification des longueurs. Trois géométries seulement sont possibles avec cette hypothèse : la géométrie euclidienne ordinaire, la géométrie à courbure positive constante (comprenant la géométrie sur la sphère), la géométrie à courbure négative constante qui coïncide avec celle de BOLYAI-LOBATCHEWSKY. Ainsi l'unique étude des déplacements représentables analytiquement permet non seulement de retrouver les théorèmes de la géométrie euclidienne, mais encore de l'insérer dans une classification qui la dépasse. Il y a même gain sur BOLYAI-LOBATCHEWSKY puisque l'espace n'est considéré que borné, sans intuition de l'infini. La libération par rapport à l'intuition n'est pourtant pas complète : la géométrie euclidienne est supposée dans l'infiniment petit. — Sans doute BOLYAI et LOBATCHEWSKY n'ont-ils pas besoin de cette hypothèse, mais ils ne développent qu'une trigonométrie garantie d'ailleurs par la référence à la trigonométrie sphérique assurée par la géométrie euclidienne : ainsi c'est encore par délégation de celle-ci que leur système est valide. On raconte (1) que dans sa vieillesse BOLYAI cherchait si par l'application de ses formules à l'espace à trois dimensions, pour des polyèdres par exemple, une contradiction ne pouvait apparaître, tant était essentielle pour lui la garantie de la sphère (pour trois dimensions il devait considérer la géométrie sur une hypersphère). La démonstration véritable de l'indépendance du postulat des parallèles, en même temps qu'une analyse plus aiguë des notions géométriques ne devait être obtenue que par le développement de la géométrie projective, double résultat qui, suivant la remarque de DEHN, est assez naturel si l'on considère que les seules propriétés nécessaires pour une théorie des proportions — et par suite pour la définition algébrique des dépla-

(1) STÄCKEL cité par DEHN (I), p. 200.

cements — sont des propriétés projectives, donc indépendantes du 5e postulat.

Dès 1820, Poncelet distinguait entre propriétés de « situation » (ou graphiques) et propriétés métriques : les premières, invariantes dans la projection, sont ainsi comme décollées de leur support intuitif. Klein remarquait qu'au lieu de droites et de plans on pouvait aussi bien parler de lignes et de surfaces. D'autre part, l'abstraction dans les enchaînements était imposée par le principe de dualité ; en 1826, Gergonne [1] le formulait clairement et développait sur deux colonnes le début de la géométrie : on passait de gauche à droite en échangeant les mots point et plan. Il faut noter, enfin, l'intervention des éléments imaginaires pour achever la libération : points imaginaires du cercle, cercles imaginaires de la sphère. Grâce à eux les relations géométriques deviennent, suivant le mot de Chasles, « permanentes d'accidentelles qu'elles étaient » [2]. Point, droites et figures concrètes ne sont que des cas particuliers de points, droites, figures abstraites, définies uniquement par leurs propriétés, édifiées il est vrai sur une complication du concret. Ainsi Cayley peut construire à l'intérieur d'un cercle un modèle géométrique abstrait (c'est-à-dire dont les points et droites sont définis à partir des points et droites euclidiens, et où un groupe de *collinéations* permet de fixer les relations d'angles et de longueur) dont Klein montra, en 1871, qu'il satisfaisait à tous les axiomes d'Euclide sauf celui des parallèles [3] : par là se trouvait définitivement justifiée la trigonométrie Bolyai-Lobatchewsky. Mais surtout grâce à l'unification des relations sous l'autorité d'une ou de quelques opérations fondamentales pourra être opéré un nouveau recensement des notions : le géomètre

(1) Gergonne (I).
(2) Chasles (I).
(3) Klein (I).

introduit celles-ci dans l'ordre de ses besoins pour celles-là — (définition des instruments : faisceaux de droites et de plans). L'énumération des axiomes coïncide avec un plan de travail. Tel est, en particulier, celui de PASCH dans ses *Leçons sur la nouvelle géométrie* dont il disait « qu'elle présente d'après son origine une opposition, non pas tant à la géométrie des Anciens qu'à la géométrie analytique » [1]. On part des axiomes régissant l'incidence et l'ordre des points sur une droite : première relation dont on ait à s'occuper en projetant (et laissée invariante) (deux points déterminent un segment, à l'intérieur d'un segment on peut toujours trouver un point, etc.) De même pour le plan : 3 points déterminent un plan : une droite qui a 2 points dans un plan y est contenue tout entière (axiome omis par EUCLIDE et découvert par GRASSMANN) ; l'axiome de l'ordre plan — dont HILBERT reprendra la formule intacte — : toute droite qui rencontre un côté d'un triangle entre les 2 sommets rencontre aussi de même un des 2 autres côtés, etc... Enfin la congruence caractérisée par ses propriétés indépendamment de la considération d'un déplacement particulier. Importants sont à la fois l'abstraction de la méthode et son fondement philosophique. La mathématique, en tant que science, n'est qu'enchaînement logique ; « le procès des démonstrations doit être partout indépendant du *sens* des concepts, comme il doit l'être des figures : seules les *relations* établies dans les principes ou les définitions doivent être prises en considération » [2]. Mais ces relations fondamentales ont été empruntées à l'expérience : c'est l'unité de celle ci, la « répétition incessante des observations depuis des temps immémoriaux » [3] qui garantit la possibilité de la géométrie comme science, qui impose également des res-

(1) PASCH (I), p. 1.
(2) *Ibid.*, p. 98.
(3) P. 17.

trictions aux hypothèses naïves. L'une féconde : on ne définira des objets que dans le fini, points, segments (ce qui est appréhendable par l'intuition) : l'espace projectif sera reconstitué par l'introduction d'éléments « impropres » (points, droites) définis au moyen de faisceaux, « en soi une réussite mathématique importante » (1). L'autre stérilisante : pour compléter l'œuvre de von STAUDT qui avait trouvé moyen d'éviter le « cercle vicieux qui pour le rapport anharmonique fait mesurer des segments et pour les coordonnées des distances » (2) en attribuant à chaque rapport un nombre, déterminé au moyen de conventions indépendantes de toute considération extrinsèque aux relations projectives. KLEIN a montré qu'un axiome de continuité est indispensable : c'est le théorème central en géométrie projective que la mise en rapport de 3 points d'une droite avec 3 points d'une autre suffit à déterminer entre elles une correspondance projective ; on procédera par construction progressive sur chaque droite du 4e harmonique à 3 points déjà obtenus. Mais il faut poser pour cela que « le point limite, même s'il est obtenu de cette façon par un procès infini, peut être considéré comme donné dans le fini » (3). Or, « admettre ceci comme principe, serait en désaccord avec nos intuitions fondamentales. Abstraction faite de l'impossibilité pour une observation de s'étendre à une infinité d'objets, notre point de vue nous interdit... d'admettre dans un segment une infinité de points, sans changer le sens du mot point » (4). Avec beaucoup de lucidité, PASCH avait déjà noté que sa position empiriste interdit même une itération indéfinie dans l'application de certains principes fondamentaux : on ne pourra invoquer toujours le principe qu'entre deux points d'un segment il y en a toujours un troisième, ni

(1) HEYTING (IV), p. 60.
(2) F. KLEIN (II), p. 311.
(3) F. KLEIN (I), p. 140.
(4) PASCH (I), p. 126.

qu'étant donnés deux points A et B on peut trouver C tel que B soit entre A et C : il faut que le segment A B ne soit pas trop petit dans le premier cas, trop grand dans le second [1]. Pour parachever la géométrie projective, on étendra la notion de point en faisant correspondre à tout nombre réel dans les calculs analytiques qui accompagnent le développement du *réseau* projectif, « un point mathématique » [2]. Aussi bien on peut, dans chaque cas particulier, « assigner un segment à l'intérieur duquel les points ne sont plus discernables » [3]. Mais c'est aux dépens autant de la précision que de la rigueur logique : « la traduction des figures en nombres et le retour des résultats de calcul aux figures ne peut pas s'effectuer avec la même exactitude » [4]. Où est surtout la promesse de ne faire aucun appel à l'intuition dans une géométrie entièrement déductive ? Une axiomatisation à base empirique est vouée à l'échec dès qu'elle aborde le labyrinthe du continu : même dans le cas privilégié des relations « graphiques », il faut supposer effectuée une suite infinie d'opérations, c'est-à-dire calculer de façon qui dépasse l'expérience.

Or, c'est justement en inventant une sorte nouvelle de calcul — qui lui permettrait d'éviter le recours aux nombres —, en unifiant la géométrie projective sous la juridiction d'une opération unique, que HILBERT pouvait pousser plus avant la recherche exacte des axiomes et dégager leur véritable signification. Dans une conférence de 1891 à laquelle assistait HILBERT, H. WIENER avait déjà montré l'importance du théorème de DESARGUES sur les triangles perspectifs, et de celui de PASCAL sur les couples de droites : « ils suffisent pour démontrer, sans faire appel à des considérations de continuité ni à un processus infini, le théorème

(1) PASCH, *loc. cit.*, p. 18.
(2) PASCH, *loc. cit.*, p. 191.
(3) PASCH, *loc. cit.*, p. 188.
(4) PASCH, *loc. cit.*, p. 200.

fondamental de la géométrie projective et, partant, à développer toute la géométrie projective du plan » [1]. Tous les problèmes se ramènent, en effet, à des questions de « fermeture »: points et droites n'ont plus de signification intuitive, ce sont seulement « des éléments de deux espèces, tels que la liaison de deux éléments d'une espèce donne un élément de la seconde »; la fermeture : réunion de trois éléments d'une même espèce dans une seule liaison (droites concourantes, points en ligne droite) ; la solution sera toujours une combinaison plus ou moins compliquée des propositions « fermantes » de DESARGUES et PASCAL [2]. Les deux questions qui se posent sont alors : 1° de déterminer les réquisits logiques des deux théorèmes : rapports entre eux, rapports avec les modes de définition, déjà employés, des objets géométriques (axiomes déjà isolés) ; 2° de préciser les raisons profondes de leur efficacité et jusqu'où elle s'étend. Plus significative que les *Grundlagen* est à cet égard la 1re rédaction [3] du cours de 1898-99 dont sortit le livre. Les théorèmes de DESARGUES et

---

(1) H. WIENER (I), p. 47.

(2) Le théorème de DESARGUES s'énonce : si 2 triangles ABC, $A'B'C'$ sont tels que les droites joignant 2 à 2 leurs sommets soient concourantes (AA', BB', CC'), les points d'intersection des côtés mis ainsi en correspondance sont en ligne droite (fig. 2).

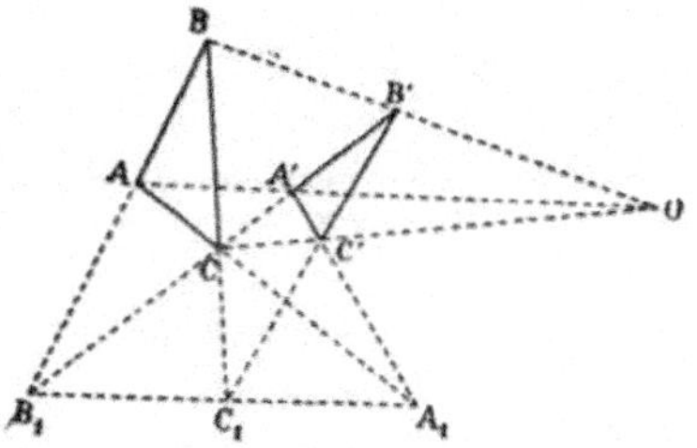

FIG. 2.

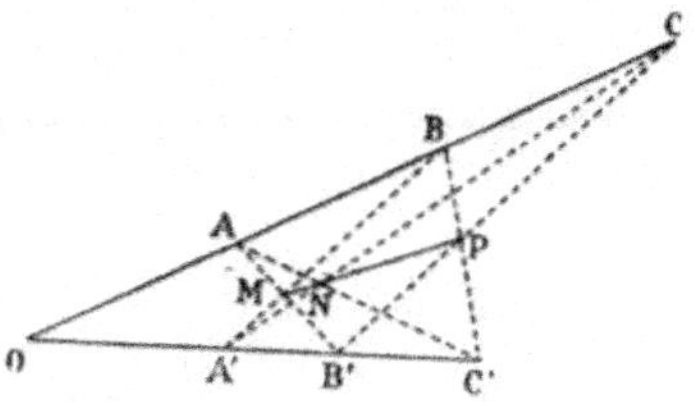

FIG. 3.

Le cas particulier considéré du *théorème de* PASCAL : lorsque dans un plan les points A, B, C sont sur une droite, de même A' B' C' sur une autre (et non sur les 2 à la fois), les points d'intersection M de AB' et BA', N de AC' et CA' et P de BC' et CB' sont en ligne droite (fig. 3).

(3) Cours rédigé par H. v. SCHAPER (WINTER SEMESTER 1898-1899). HILBERT (II).

de PASCAL sont de « purs théorèmes d'intersection » : ils doivent donc être indépendants du groupe de déplacement de la géométrie euclidienne, défini par les axiomes de congruence (2). Mais on n'évite les nombres — ou la con-

---

(2) HILBERT, dès la 1re rédaction du cours, distingue 5 groupes d'axiomes (dont l'énoncé a varié entre les rééditions successives : nous prenons ceux de la dernière) :

I) Ceux de l'*incidence* définissant les liaisons entre points, droites et plans :

1. A 2 points correspond une droite. — 2. Il n'y a qu'une droite qui corresponde à 2 points. — 3. Sur une droite il y a au moins 2 points. Il y a au moins 3 points non en ligne droite. — 4. A 3 points non en ligne droite correspond un plan. Un plan contient au moins un point. — 5. A 3 points non en ligne droite ne correspond pas plus d'un plan. — 6. Si une droite a 2 points dans un plan, tous ses points sont dans ce plan. — 7. Lorsque 2 plans ont un point commun, ils ont au moins encore en commun un autre point. — 8. Il y a au moins 4 points qui ne sont pas dans un même plan.

Le groupe I 1-3 constitue le groupe des axiomes plans. Les énoncés sont une simplification et une précision de ceux de PASCH, avec l'importante différence que la notion initiale est la droite indéfinie et non le segment (on a vu que PASCH partait du fini).

II) Ceux de l'*ordre* : 1. Si 1 point B est *entre* 2 points A, C : A, B, C, sont en ligne droite et B est *entre* C et A. — 2. A 2 points A et C correspond au moins 1 point B sur la droite AC tel que C soit entre A et B. — 3. Etant donnés 3 points sur une droite, il n'y en a qu'un qui soit entre les 2 autres. — 4. Si A, B, C forment un triangle et si la droite a coupe le côté AB entre A et B, elle coupe l'un des côtés AC ou BC, entre les 2 sommets.

Les axiomes 1-3 définissent l'ordre linéaire, l'axiome 4 l'ordre dans le plan. Ici encore les énoncés viennent à peu près de PASCH, l'axiome 4 sans changement. Dès 1894 dans la lettre à KLEIN, *Über die gerade Linie als kürzeste Verbindung zweier Punkte* (HILBERT (I)) ces 2 groupes d'axiomes sont introduits au début, dans des énoncés analogues (avec en plus l'axiome d'ARCHIMÈDE V).

Grâce à l'ordre on peut orienter droites et plans, définir des angles (couples de 2 droites), avec un sens de rotation.

III) *Congruence* : 1. A et B étant sur une droite, A' sur une autre, on peut déterminer sur celle-ci (et du même côté de A' que B par rapport à A) B' tel que $AB = A'B'$ (AB et $A'B'$ sont dits *congruents*). — 2. Si 2 segments sont congruents à un 3e, ils sont congruents entre eux. — 3. Si AB et BC sont 2 segments sans points communs et sur la même droite, $A'B'$ et $B'C'$ dans la même situation sur une autre droite, et si $AB = A'B'$, $BC = B'C'$ on a $AC = A'C'$ (addition). — 4. A tout angle (a, b) on peut construire sur une droite a', et du même côté par rapport à a', que (a, b) par rapport à a, un angle (a', b') qui lui soit congruent. — 5. Si dans 2 triangles $A\ B\ C$ et gruence — par des constructions qu'à condition d'ajouter une dimension de plus : WIENER remarquait qu'en passant au plan, il n'est plus besoin de calcul pour déterminer le 4e harmonique à 3 points sur une droite. De même, le théorème de DESARGUES n'est démontré dans le plan qu'à condition de le supposer vrai dans l'espace et d'utiliser l'espace. D'où intervention nécessaire d'une critique axiomatique qui « purifie les méthodes ».

On sait le résultat : impossibilité de démontrer le DESARGUES en se passant à la fois des axiomes de l'espace et des axiomes de congruence. Il faut, si l'on reste dans le plan, utiliser outre I 1-3, II et le dernier axiome de congruence III, 5 ; inversement on peut définir un modèle géométrique satisfaisant à tous les axiomes plans, sauf pour la congruence à l'axiome précité et ne satisfaisant pas non plus au DESARGUES. Un lien apparaît donc entre le théorème et l'insertion possible d'une géométrie à 2 dimensions dans une géométrie à 3. Pour le préciser, comme pour établir le rapport avec le théorème de PASCAL, HILBERT introduit un « calcul de segments » original : par simples tracés de droites on définit la somme et le produit de deux segments ; le théorème de DESARGUES, simplifié [1] au

---

$A'B'C'$ les côtés AB et $A'B'$, AC et $A'C'$ et les angles $\widehat{BAC}$ et $\widehat{B'A'C'}$ sont respectivement congruents, on a également $\widehat{ABC} = \widehat{A'B'C'}$.

Ici encore les énoncés de PASCH ont servi de guides ; cependant PASCH n'avait pas la notion de plan (et d'angle) orienté, il remplace les axiomes 4-5 par des énoncés de la forme : deux figures planes étant congruentes, si on ajoute un point à l'une, on peut ajouter un point à l'autre de façon que la congruence soit conservée. PASCH (I), p. 93-99.

IV) *Parallèles* : D'un point on ne peut mener qu'une parallèle à une droite.

V) (*Archimède*) : Etant donnés 2 segments AB et CD, on peut sur la droite AB juxtaposer les segments AA_1, A_1A_2... $A_{n-1}A_n$ tous congruents à CD, de telle sorte que B soit entre A_{n-1} et A_n. Axiome énoncé pour la 1re fois par O. STOLZ (I), repris textuellement par PASCH (I) comme 4e axiome de congruence et par HILBERT (II), comme axiome de *continuité*.

(1) Il s'énonce alors : Si 2 triangles dans un plan ont leurs côtés homo-

moyen de l'axiome des parallèles (mais la simplification est extérieure au principe du raisonnement) (1) garantit alors la commutativité et l'associativité de l'addition, la double distributivité de la multiplication par rapport à l'addition (2) ; les seuls axiomes supposés (3) (en plus du DE-

---

logues parallèles, les droites joignant les sommets sont concourantes ou parallèles, et réciproquement (fig. 4).

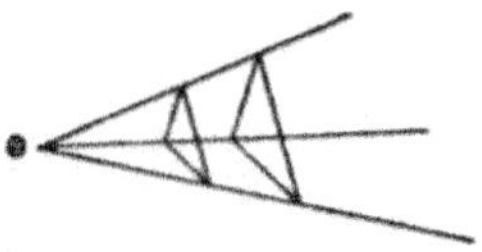

FIG. 4.

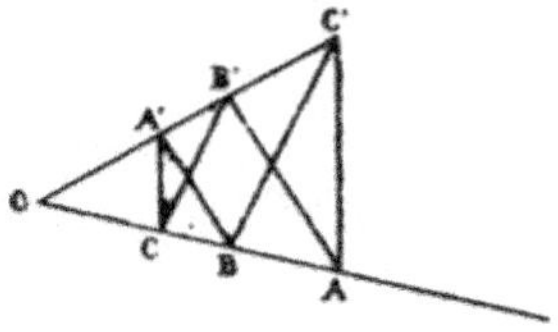

FIG. 5.

De même pour le PASCAL : dans les 2 systèmes ABC, $A'B'C'$, si CB' et CA' sont parallèles respectivement à BC' et AC', BA' est aussi parallèle à AB' (fig. 5).

(1) HILBERT (IV), p. 88_n, : « même sans axiome des parallèles on peut introduire un nouveau calcul de segments ».

(2) Le calcul desarguien se définit ainsi : on prend comme axes deux droites quelconques se coupant — à partir de l'intersection O on porte les segments. 1° addition : les segments a, b étant portés sur le même axe OA on choisit un point quelconque A' sur l'autre axe, on mène de A' une parallèle à l'axe OA, soit A'' son intersection avec la parallèle menée de B à OA' ; de A'' on mène une parallèle à AA', qui rencontre OA en C. OC est, par définition, la somme des segments OA et OB. Le théorème de DESARGUES montre que le point C est indépendant du choix de A' (fig. 6).

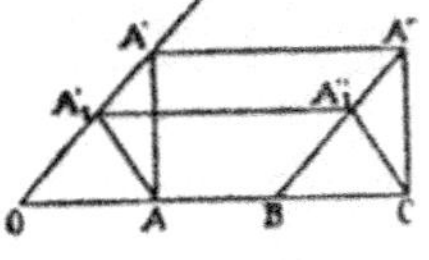

FIG. 6.

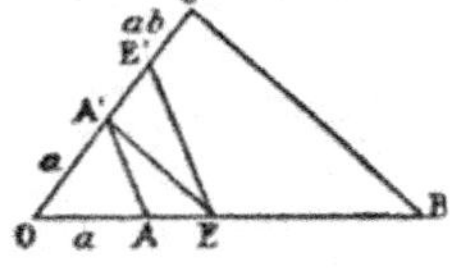

FIG. 7.

2° produit. On prend sur chaque axe un segment unité OE, OE' ; de A (extrémité du segment a) on mène la parallèle AA' à EE'. On joint EA' et on mène de B la parallèle BC' à EA' : OC' est le produit $OA \times OB$ (fig. 7).

(3) Pour se passer des axiomes de congruence on doit prendre un axiome des parallèles plus fort, IV* : Il y a, dans le plan déterminé par une droite et un point, une droite et une seule passant par le point et ne coupant pas la droite.

SARGUES) étant I 1-3, II et IV. On peut alors construire un modèle géométrique à 3 dimensions, les points étant définis comme des triples de segments, les plans comme des quadruples (dont le dernier élément n'est pas nul) à un facteur commun près ; le calcul a toute les apparences de la géométrie analytique, mais il ne s'agit que d'opérations graphiques [1]. On constate que le modèle satisfait à tous les axiomes, y compris les axiomes de l'espace. Le DESARGUES est donc la condition nécessaire et suffisante de l'insertion de la géométrie plane dans une géométrie à 3 dimensions.

Mais le calcul desarguien ne satisfait ni à l'axiome d'ARCHIMÈDE, ni à la loi de commutativité de la multiplication, deux exigences dont HILBERT démontre à cette occasion l'équivalence. Or, le PASCAL, que l'on peut démontrer sans l'axiome d'ARCHIMÈDE à l'aide des axiomes de congruence, est impossible à atteindre si ces 2 groupes d'axiomes sont exclus simultanément. Le calcul desarguien en donne la raison [2] : dans sa définition de la multiplication, l'exigence

(1) Si un plan est représenté par (u, v, w, r), u, v, w, r étant 4 segments définis à un facteur de proportionnalité près ; une droite sera un couple de plans (u, v, w, r) et (u', v', w', r') (si les 2 quadruples ne se réduisent au même par multiplication par un facteur commun) l'incidence d'un point (x, y, z) sur un plan est exprimée par l'équation :

$$ux + vy + wz + r = o$$

l'incidence sur une droite par, en outre, l'équation $u'x + v'y + w'z + r' = o$. Les axiomes de l'ordre sont satisfaits : étant donnés 3 points (xyz), $(x'y'z')$, $(x''y''z'')$ sur une droite, on dira que $(x'y'z')$ est entre les 2 autres si on a au moins une des 6 doubles inégalités :

$$x > x' > x'' \qquad y > y' > y'' \qquad z > z' > z''$$
$$x < x' < x'' \qquad y < y' < y'' \qquad z < z' < z''$$

(2) On voit, en effet, d'après la figure ci-contre qu'étant donnés sur l'axe

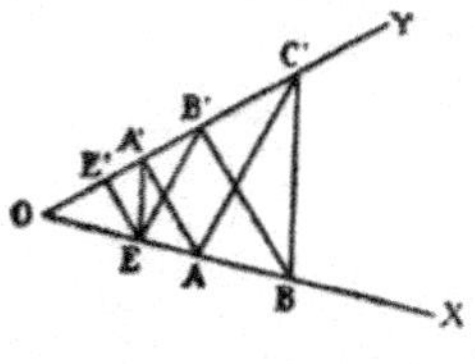

FIG. 8.

de la commutativité coïncide avec l'énoncé même du théorème de PASCAL. — Inversement, le théorème de DESARGUES est démontrable à partir du PASCAL, sans intervention des axiomes de congruence ni d'ARCHIMÈDE (avec les seuls I 1-3, II et IV*) ; il se réduit à la succession d'un nombre fini de configurations pascaliennes. On arrive donc à l'important résultat qui représente comme l'aboutissement des *Grundlagen*, et précise l'affirmation de WIENER : « tout théorème d'intersection, valable dans une géométrie plane où sont satisfaits les axiomes I 1-3, II et IV* et le théorème de PASCAL, se présente, après la construction de points et de droites auxiliaires, comme la combinaison d'un nombre fini de configurations pascaliennes ». Analytiquement, l'intersection s'exprime par une relation identique entre les paramètres définissant les éléments arbitraires initiaux : or, les opérations de calcul en lesquelles se décompose la relation sont toutes définissables par un nombre fini de configurations pascaliennes.

Double conséquence :

1° dans la recherche, le rôle des différents axiomes est précisé, d'après les opérations qu'ils conditionnent. L'interchangeabilité entre axiomes d'incidence dans l'espace et axiomes de congruence est significative : il s'agit d'obtenir des « fermetures », or, justement l'axiome III, 5 est un axiome « fermant ». De même, pour l'axiome d'ARCHIMÈDE qui ne suppose pas la congruence (contrairement à ce que croyait PASCH) : le transport du segment est remplacé par l'addition (construction graphique) du segment à lui-même (fig. 9). Ce qui importe donc n'est pas l'énoncé descriptif

---

OX les points E, A, B (représentant respectivement les segments 1, a, b) sur OY les points A' B' C' (représentant respectivement a, b et ab), le théorème de PASCAL affirme le parallélisme de EB' et $C'A$: par construction OC' représente aussi le produit ba.

dans un axiome, mais l'efficacité qu'il possède relativement à un certain résultat. D'où le rassemblement des axiomes sous 5 titres correspondant aux 5 principaux résultats visés :

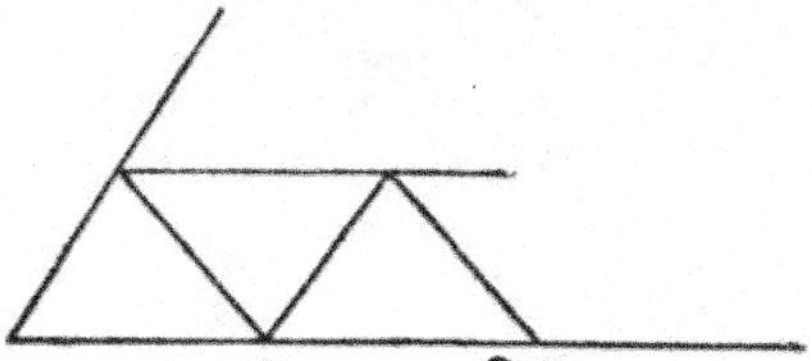

Fig. 9.

liaison, ordre des points sur une droite ou sur un plan, relation d'égalité entre figures, parallélisme, continuité. Les deux derniers groupes procurent une espèce de prise de possession de l'infinité de l'espace, c'est-à-dire à la fois son affirmation et le moyen de la dominer par des opérations finies : étant donné un point sur une droite, on pourra toujours, à partir d'un autre point de la droite, l'atteindre par juxtaposition d'un nombre fini de segments égaux ; étant données deux droites prolongeables indéfiniment dans le plan, leur intersection est toujours fixée par leur connaissance à distance finie (ce qui n'a pas lieu dans une géométrie non euclidienne si l'on veut garder l'axiome d'incidence : 2 droites distinctes n'ont qu'un point commun). L'ordre entre les groupes est d'ailleurs essentiel : ainsi dans l'ordre des *Grundlagen* la congruence est antérieure à la notion de transformation continue [1] qui pourrait la fonder (Pasch pour justifier — il est vrai uniquement du point de vue de sa philosophie empiriste — les axiomes de congruence, faisait intervenir l'image sensible du mouvement) ; le seul résultat visé est « le théorème le plus général de congruence » : étant données deux figures (définies par les axiomes d'incidence et d'ordre) entre lesquelles est supposée déjà la rela-

(1) Hilbert (II), p. 60.

tion de congruence, si l'on étend l'une d'elles (par adjonction de points), il est toujours possible d'étendre l'autre (de façon univoque si la figure n'est pas située sur une droite) en conservant la congruence. Il s'agit d'une relation qui doit être maintenue entre deux systèmes d'objets à travers tous les accroissements qu'on leur peut faire subir avec les moyens de construction dont on dispose.

Mais si l'ordre est inversé, si, en particulier, « la continuité passe au premier rang », le déplacement deviendra la notion fondamentale qui, armée des trois propriétés que lui attribuent trois axiomes, permettra, à partir du plan numérique, de reconstituer toute la géométrie euclidienne plane : tel est l'objet du mémoire de 1902 dominé par les méthodes de LIE et de CANTOR qui déterminent l'unique procédé de construction [1]. Aux éléments du plan numérique correspondent les points du plan géométrique, aux domaines de JORDAN (numériques) les voisinages de ces points, qui permettent de définir la continuité : et, après démonstration des propriétés essentielles du cercle géométrique (courbe de JORDAN), la congruence des segments est cette fois définie par les déplacements, qui permettent aussi de prendre le milieu d'un segment : la droite sera le système des points engendrés à partir de 2 points par prise du milieu d'un segment, demi-rotations et passages à la limite.

2° Extension du champ d'application de la méthode. Tout calcul sera susceptible d'être axiomatisé, puisqu'il ne s'agit plus de description d'objets préalablement donnés. On a vu que GRASSMANN et PEANO avaient déjà commencé pour l'arithmétique, grâce au détour de la formalisation.

---

(1) HILBERT (VI), p. 178-230. Les 3 axiomes sont : 1. Les déplacements forment un groupe. — 2. *A* et *B* étant 2 points distincts, on peut, par déplacement laissant *B* fixe (rotation), amener *A* en une infinité de positions différentes. — 3. Les déplacements forment un système fermé. — Les déplacements sont des mises en correspondance biunivoques et continues du plan avec lui-même.

Le mérite des *Grundlagen* est d'avoir, à propos du système desarguien et de son rapport avec l'axiome d'ARCHIMÈDE, manifesté, en pleine clarté, par la contrainte des raisonnements, que le traitement dans les deux sciences devait être exactement le même parce qu'il s'agissait des mêmes procédés de pensée. De là à considérer que seule la méthode axiomatique peut fonder et étendre le travail mathématique, parce qu'elle exprime son essence, il n'y avait qu'un pas, qui fut fait en 1899.

CHAPITRE II

La méthode axiomatique

En 1899, HILBERT opposait méthode axiomatique en géométrie et méthode génétique en théorie des nombres : « partant du concept du nombre 1, on se représente d'abord l'engendrement des entiers successifs et des règles de calcul grâce à l'acte de compter ; puis, par l'exigence que la soustraction s'effectue toujours, le nombre négatif ; le nombre fractionnaire, défini comme un couple d'entiers (et alors toute fonction linéaire s'annule) ; enfin le nombre réel comme coupure ou suite fondamentale, par quoi on obtient que toute fonction... continue indéfinie s'annule » (1). Ainsi procédait-on dans l'école de WEIERSTRASS, ainsi KRONECKER reconstituait-il toute l'analyse à partir du nombre entier « seul créé par le bon Dieu ». La question qui se pose est de savoir « si la méthode génétique est la seule appropriée pour l'étude du concept de nombre, la méthode axiomatique pour le fondement de la géométrie... Voici mon opinion : malgré la haute valeur pédagogique et heuristique de la méthode génétique, la méthode axiomatique est préférable pour une représentation définitive et un complet affermissement logique du contenu de notre connaissance ». En effet, dans le cas de la théorie des nombres réels, elle évite les difficultés de « l'existence du système de tous les nombres réels et, en

(1) HILBERT (V), p. 241.

général, d'ensembles infinis » que la méthode génétique obligeait à construire. « Par l'ensemble des nombres réels, nous n'avons pas à penser la réunion de toutes les lois possibles d'après lesquelles les éléments d'une suite fondamentale peuvent se succéder, mais seulement un système de choses dont les relations mutuelles sont données de façon complète par le système fini d'axiomes précédents et sur lesquelles de nouveaux énoncés ne sont valables que si on peut les en déduire par un nombre fini de démarches logiques (1). » Ce n'est que par un préjugé réaliste que nous nous préoccupons d'objets alors que seul importe, dans la succession de nos affirmations, ce qui régit cette succession, savoir le travail intellectuel effectif. L'observation vaut pour toute discipline, pour « les domaines spéciaux purement mathématiques comme la théorie des surfaces, la théorie des équations de GALOIS, la théorie des nombres premiers, aussi bien que pour maints domaines scientifiques loin du mathématicien, comme certaines parties de la psychophysique ou la théorie de l'argent » (2). En effet, qu'est-ce qu'une théorie, sinon « l'établissement d'une certaine charpente de concepts » permettant une mise en ordre de faits ? Or, pour la construction de la charpente, « certains théorèmes fondamentaux suffisent, à partir desquels tout le reste se déduit logiquement. Ainsi « en mécanique les équations de LAGRANGE..., en théorie du rayonnement la loi de KIRCHHOFF sur le rapport entre émission et absorption..., en théorie des nombres premiers le théorème sur la réalité et la fréquence des zéros de la fonction riemanienne $\zeta(s)$.

La méthode axiomatique non seulement permet de fonder les mathématiques mais encore justifie leur application universelle dans les sciences de la nature. Grâce à elle nous atteignons, en effet, ce qui constitue « l'essence de la pensée

(1) *Ibid.*, p. 246.
(2) HILBERT (VIII), p. 147.

scientifique ». « Tout ce qui peut être en général objet de pensée scientifique tombe sous le coup de la méthode axiomatique et par là, médiatement appartient à la mathématique [1]. »

L'identification qui paraît même dans la dernière formule est justifiée par les succès obtenus par la méthode axiomatique au cours des dernières années. Manifestant l'unité organique d'une théorie non d'après les objets — construits — dont elle peut s'occuper, mais par l'unité opératoire d'un certain procédé intellectuel, elle provoque à la fois regroupement des disciplines entre elles, redistribution de l'économie intérieure d'une discipline. C'est l'essor de la théorie des corps en algèbre à la suite des travaux de DEDEKIND et de STEINITZ. C'est en analyse la libération de « ce style des ε » — dont parle C. CHEVALLEY [2] — qui alourdit inutilement les écrits dans l'école de WEIERSTRASS : il suffira de préciser une fois pour toutes dans quelles conditions (c'est-à-dire par quelles relations) a un sens le passage à la limite. Ainsi se constitue un des plus beaux produits de la méthode axiomatique, la théorie des espaces abstraits [3] — ou topologie générale — dont les éléments sont des objets mathématiques quelconques (nombres, fonctions, etc.) entre lesquels des relations très générales de *voisinage* (c'est-à-dire permettant de définir une convergence entre certains éléments) sont introduites d'une façon quelconque : le fait que l'on peut définir des fonctions de ces éléments (ou fonctionnelles lorsqu'elles ont pour valeur un nombre réel), les différentier [4] et les intégrer [5] dans ces espaces, même pourvus des propriétés les plus pauvres, a permis de grandes

(1) *Ibid.*, p. 156.

(2) C. CHEVALLEY (I).

(3) Fondée par M. FRÉCHET, cf. M. FRÉCHET (I).

(4) Ce qu'a fait NYKODYM.

(5) L'intégration la plus générale définie comme produit de deux espaces a été introduite simultanément par H. HAHN et R. DE POSSEL.

simplifications, en particulier dans la théorie de l'intégration, dont aussi bien les travaux de LEBESGUE avaient inauguré le premier traitement axiomatique. Des rapprochements inattendus se produisent — évitant des transpositions fastidieuses — comme entre la théorie de la mesure de LEBESGUE et le calcul des probabilités. Enfin sont éliminées ces reconstructions fâcheuses par lesquelles une théorie est contrainte de subir la méthode d'une autre qui complique et masque ses enchaînements propres : représentation des points d'un plan euclidien ou des nombres complexes par des couples de nombres réels.

Mais si féconde soit-elle, si intimement unie avec la pensée mathématique véritable, la méthode axiomatique peut-elle la fonder ? En tant que caractéristiques d'un procédé opératoire, les axiomes d'un système ne font que le décrire. Pourtant, leur formule énoncée, dit HILBERT, il suffit d'une déduction logique pour en déduire tous les résultats de la théorie : retour, semble-t-il, à l'ancien logicisme. La différence serait seulement qu'au lieu d'un axiome, il y en ait plusieurs. L'analogie peut se poursuivre : pour les logicistes la valeur apodictique de l'axiome vient de sa virtuelle réductibilité au principe d'identité : « διὸ πάντες οἱ ἀποδεικνύντες εἰς ταύτην ἀνάγουσιν ἐσχάτην δόξαν· φύσει γὰρ ἀρχὴ καὶ τῶν ἄλλων ἀξιωμάτων αὕτη πάντων » (1). On sait que LEIBNIZ, après la logique de Port-Royal qui y tendait aussi (2), définissant de son côté l'axiome « une propriété évidente aussitôt qu'on

---

(1) ARISTOTE, *Métaphysique* Γ 1005 *b* 33 : « donc toutes les démonstrations aboutissent à ce principe (d'identité) que nous avons posé : il est par nature l'origine de tous les autres axiomes. »

(2) « Lorsque, pour voir clairement et distinctivement qu'un attribut convient à un sujet, on n'a besoin que de considérer les deux idées du sujet et de l'attribut avec une médiocre attention, en sorte qu'on ne le puisse faire sans s'apercevoir que l'idée de l'attribut est véritablement enfermée dans l'idée du sujet, on a le droit alors de prendre cette proposition pour un axiome qui n'a pas besoin d'être démontré, parce qu'il a de lui-même toute l'évidence que pourrait lui donner la démonstration. » *Logique*, IV, 6, p. 483.

en entend les termes » [1], ne le considérait comme établi qu'une fois que la définition des termes en avait fait une proposition identique [2]. — Pour HILBERT, l'autorité d'un système d'axiomes, relative cette fois à la théorie dont il constitue l'indispensable préface, est fondée sur trois caractères : *non contradiction*, *indépendance* des axiomes entre eux, *saturation*. Leur mode d'établissement seul leur peut donner un sens ; on voit toutefois que le premier fournit l'étoffe logique des deux autres : un axiome est indépendant des autres si le système formé de ceux-ci et de sa négation est non contradictoire ; un système est saturé si l'adjonction de tout nouvel axiome, indépendant de ceux précédemment posés le rend contradictoire. Ainsi la non contradiction joue pour l'axiomatique moderne le rôle que jouait l'identité pour l'axiome traditionnel. Exister, pour un objet mathématique, disait POINCARÉ, c'est être non contradictoire.

Mais comment prouver ces propriétés ? La non contradiction, dit HILBERT, est « l'impossibilité de déduire logiquement des axiomes un fait qui les contredise », qui soit la négation partielle ou totale de l'un d'eux. Pour la géométrie on a recours à un modèle : on coordonne à chacun des objets — indéterminés — de la théorie un objet d'une autre théorie, à chaque relation fondamentale de la 1re (être sur, être entre) une relation de la seconde. Les exigences des axiomes deviennent des conséquences au sein de la théorie témoin : si une contradiction en pouvait sortir, celle-ci en serait atteinte. Dans les *Grundlagen* HILBERT utilise le système des nombres algébriques obtenus à partir de 1 par les 4 opérations et l'opération $|\sqrt{1+n^2}|$, n étant un nombre déjà obtenu ; un point sera représenté par un couple de

---

(1) *Nouveaux Essais.*

(2) Par exemple pour l'axiome : « le tout est plus grand que la partie » *Specimen Geometriæ luciferæ.* Math. Schr. VII, p. 274.

nombres, une droite par les rapports de 3 nombres ($u : v : w$). La géométrie analytique ordinaire traduit les relations fondamentales et montre que les axiomes sont satisfaits. La congruence est définie par les groupes des translations et des rotations dans le plan (d'où l'opération $|\sqrt{1 + n^2}|$). La non contradiction — supposée — de l'algèbre est ainsi déléguée à la géométrie.

Les démonstrations d'indépendance empruntent leur modèle, soit à l'arithmétique directement, soit à une portion ou complication de la théorie entière. Dans le 2e cas, le principe est que, si la théorie définit N relations entre ses objets, leur groupement 2 à 2 permettra d'en définir 2^N parmi lesquelles, les éliminations nécessitées par les exigences des axiomes subsistant étant faites, il sera toujours possible de choisir les variations satisfaisant à la négation de l'axiome en question. Ainsi pour l'axiome des parallèles le modèle de CAYLEY, ainsi plus simplement pour l'axiome d'ARCHIMÈDE le modèle de Véronèse d'une géométrie réduite aux points situés sur des parallèles équidistantes, un même segment pouvant enjamber deux ou plusieurs paral-

FIG. 10.

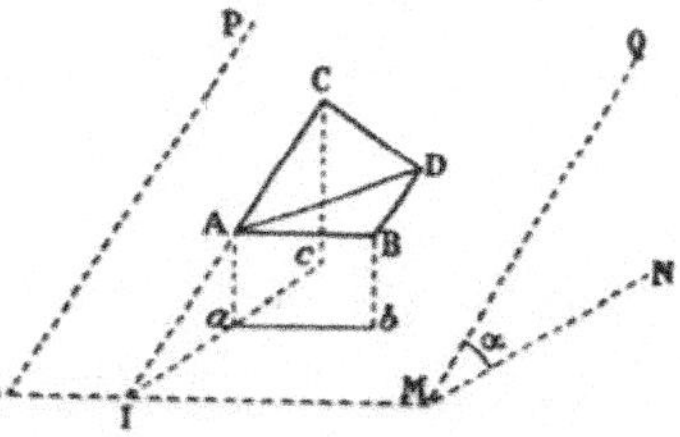

FIG. 11.

lèles : on voit que $\overline{AB} > n. \overline{CD}$, si grand que soit n. Pour le dernier axiome de congruence (III, 5) c'est, dans le plan, une géométrie où la longueur des segments est évaluée par celle de leur projection sur un plan faisant un angle aigu avec le plan considéré ; la congruence des angles étant au contraire définie de façon habituelle (fig. 11 : $A C = A B$, $\widehat{DAC} = \widehat{DAB}$ par hypothèse, on voit que $ADC \neq ADB$).

L'indépendance des axiomes est importante, non seulement pour l'élégance de la présentation, mais pour l'efficacité même de la théorie. Son étude fait découvrir des relations logiques profondément cachées : ainsi l'équivalence, pour la démonstration d'un théorème (le DESARGUES), de l'adjonction à un système donné (axiomes I 1-3, II, IV) de deux nouveaux groupes (I 4-5 et III) pourtant indépendants entre eux et indépendants du système. D'où les recherches de O. VEBLEN [1] et HUNTINGTON [2] sur « l'indépendance affinée », le moyen d'obtenir pour la géométrie des énoncés comportant — visibles ou non — le moins de parties communes possible. — On doit, d'autre part, distinguer entre indépendance de *sens* et indépendance d'*affirmation* : un axiome pouvant toujours être mis sous forme de proposition hypothétique, la dépendance de sens concerne l'hypothèse, la dépendance d'affirmation la conclusion. La 2e seule est évitée en général ; la 1re, au contraire, marque l'ordre nécessaire des axiomes (et de leurs groupes : les axiomes de congruence ou de continuité n'ont de sens que si les axiomes d'incidence ou de l'ordre sont satisfaits).

VEBLEN étudie systématiquement l'indépendance des 10 axiomes d'un système qu'il substitue aux 12 axiomes d'incidence et de congruence de HILBERT (les seules notions primitives sont celles de point et d'ordre : une droite est l'ensemble des points X possédant, par rapport à 2 points A et B, une des relations d'ordre $A\ X\ B$, ABX ou XAB ; un plan l'ensemble des points « en ligne droite » avec 2 points situés sur les côtés d'un triangle, — un triangle étant défini par 3 points non en ligne droite : l'inconvénient est, on le voit, le recours constant à la notion d'ensemble). Pour ses 8 axiomes de l'ordre, il établit une matrice des modèles, triades ou pentades de nombres rangés dans l'ordre naturel, et où des

(1) O. VEBLEN (I).
(2) HUNTINGTON (I).

permutations cycliques (complètes, c'est-à-dire portant sur la suite 0,1 ... 9 ou partielles 1, 2, 3, par exemple) permettent d'introduire un grand nombre de variations. Chaque modèle satisfait à tous les axiomes sauf un, la plupart des satisfactions étant obtenues par *annulation* (l'hypothèse de l'axiome n'est pas vérifiée). VEBLEN note un fait curieux : chacun des 8 modèles ne comporte qu'un nombre fini d'éléments, alors que la satisfaction simultanée des 8 axiomes en réclame une infinité. En réalité, seul le 8e axiome comporte cette exigence (axiome de PASCH, axiome II, 4 de HILBERT) ; mais son hypothèse dépend des 7 axiomes précédents : des 8 modèles examinés, un ne le satisfait pas, 7 le satisfont par annulation.

La notion de dépendance de sens permet d'introduire logiquement celle de saturation pour un système : entre toutes les possibilités d'une (ou plusieurs) relation à 2 ou 3 termes (p. ex. l'ordre) le rôle de chaque axiome postérieur (du point de vue du sens) est d'introduire une limitation. Il se trouve ainsi relativement déterminé. On conçoit qu'à un moment la zone de variabilité disparaisse, qu'il y ait saturation. Préciser est assez difficile : on pourra dire indirectement que la théorie est saturée si toute proposition formulable en ses notions fondamentales est ou démontrable ou réfutable (sa négation démontrable) dans la théorie (définition forte) ; ou s'il est impossible qu'une telle proposition et sa négation soient simultanément compatibles avec les axiomes (définition faible équivalente à celle donnée plus haut). L'une et l'autre n'ont pas de sens exact dans des systèmes non formalisés (dans lesquels les notions de démonstrabilité et d'incompatibilité ne peuvent être circonscrites).

Le recours au modèle a comme effet de transformer la propriété. On considérera que tous les modèles satisfaisant aux axiomes sont *isomorphes*, c'est-à-dire qu'on peut établir entre leurs éléments une correspondance biunivoque laissant invariantes les propriétés définies par les axiomes. C'est ce que O. Veblen appela *catégoricité*, par opposition aux systèmes disjonctifs « auxquels on peut adjoindre encore un axiome indépendant ». On voit que c'est ici impossible : on n'aurait, sans cela, qu'à soumettre un des modèles au nouvel axiome et l'autre à sa négation, il n'y aurait plus isomorphie. La catégoricité entraîne donc la saturation (définition faible), puisque celle-ci coïncide avec l'impossibilité de *bifurcation* (Nichtgabelbarkeit). Mais la réciproque est contestée : les deux notions ont des contenus trop différents. Historiquement, la saturation est apparue la première : Hilbert en parle dans son article *Sur le Concept de nombre* (1899), en lui donnant le sens « que le système des axiomes suffit à la démonstration de toutes les propositions géométriques » [1]. Mais il n'indique ni là, ni dans les éditions successives des *Grundlagen*, de quelle façon la démonstration en pourra être effectuée, alors qu'il s'occupe longuement de l'indépendance et de la non contradiction. Au contraire, Veblen est amené à la catégoricité par la notion de définition exhaustive — à laquelle Huntington réduit l'axiomatique des nombres réels — et donne aussitôt un moyen de la prouver par son système.

La lacune dans l'édifice hilbertien s'explique par l'intervention d'un *axiome spécial de saturation*, qui ne fut pas sans provoquer quelque trouble. Dans la 1re édition des *Grundlagen*, il n'y avait qu'un axiome de continuité, l'axiome d'Archimède. Dans le mémoire *Sur le Concept de nombre* — où les axiomes destinés à fonder la théorie des nombres réels sont à peu près calqués sur ceux de la géométrie — apparaît un second axiome de continuité : « il n'est pas possible d'ajouter au système des nombres un autre système d'objets de façon que, dans l'ensemble total, en maintenant les relations primitives entre les nombres, les axiomes I (liaison), II (calcul), III (ordre), IV (Archimède)

---

(1) *Loc. cit.*, p. 181.

soient satisfaits ; en bref : les nombres forment un système d'objets qui, par conservation de toutes les relations et de tous les axiomes, n'est pas extensible » (1). L'ensemble des nombres rationnels — et tout système analogue (c'est-à-dire dénombrable et dense) — satisfait aux axiomes mais peut toujours se voir adjoindre de nouveaux éléments. Si l'on interdit cette éventualité, on exclut le modèle rationnel et caractérise celui des nombres réels où toute extension est impossible, puisque toute suite convergente détermine un nombre de façon univoque. Dès la 2e édition des *Grundlagen*, l'axiome est transposé en termes géométriques « il n'est pas possible d'ajouter aux points, droites, plans, d'autres objets... » On peut même simplifier en ne parlant que de points et en ne citant que les axiomes linéaires : le reste de l'axiome est alors transformé en théorème (2). Ici, la catégoricité est atteinte si l'on suppose donné l'ensemble des nombres réels : l'axiome d'ARCHIMÈDE assurait qu'à tout point correspond un nombre réel, l'axiome de saturation procure la réciproque. Dès lors, grâce à la géométrie analytique, il y aura isomorphie entre tous les modèles satisfaisant aux axiomes (le mixte étant fourni par l'analyse). Mais cette coïncidence n'est qu'un accident. R. BALDUS (3) montre que loin d'être la « pierre angulaire » (SCHLUSSSTEIN) de tout l'édifice, l'axiome de saturation pourrait aussi bien conclure la géométrie indépendante de l'axiome des parallèles, ou géométrie absolue (BOLYAI). En effet, il ne se rapporte pas, dans son énoncé, à l'axiome des parallèles, et on a un moyen, dans cette géométrie, de coordonner de façon biunivoque les points à des triples de nombres réels. L'axiome est satisfait : impossible d'ajouter d'autres éléments. Pourtant, nous avons cette fois deux modèles non

---

(1) *Loc. cit.*, p. 183.

(2) Fait par HILBERT dans les éditions postérieures des *Grundlagen*, d'après une remarque de BERNAYS.

(3) R. BALDUS (I).

isom orphes : la géométrie euclidienne et la géométrie hyperbolique. On peut citer d'autres exemples : E. NOETHER a donné celui des corps algébriquement fermés absolus de STEINITZ : ils sont inextensibles, mais, sans leur « caractéristique », susceptibles d'une infinité d'interprétations non isomorphes. Plus simplement, soit la relation de bon ordre réciproque définie en deux axiomes : 1° si *a* suit *b*, *b* ne suit

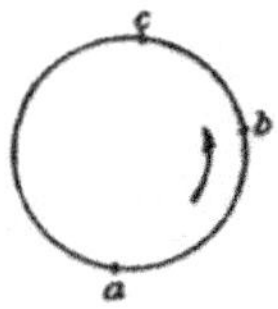

FIG. 12.

pas *a* ; 2° tout élément est suivant d'un seul et a un seul suivant. Trois, quatre, etc... points sur un cercle orienté, sont des modèles inextensibles et non isomorphes [1]. L'inextensibilité est donc condition nécessaire, mais non suffisante, de la catégoricité.

La formule même de l'axiome a été l'objet de deux critiques : au lieu de se rapporter directement aux éléments et notions fondamentales, il « parle » sur les autres axiomes, axiome au 2e degré. D'où une complication pour les démonstrations d'indépendance : faut-il, se demande R. BALDUS [2], dans l'hypothèse que l'un des axiomes nommés par lui, *B*, est faux, changer l'énoncé (dire, par exemple, le domaine satisfaisant à *A*, non *B*, *C*, etc... est inextensible) ? faut-il interpréter la phrase de HILBERT : « si l'axiome d'ARCHIMÈDE n'était pas vérifié, l'axiome de saturation serait contradictoire », comme une affirmation de dépendance du 1er par rapport au 2e ? La question ne semble pouvoir être simplement résolue par la distinction entre dépendance

(1) Ces exemples sont donnés par BALDUS, *loc. cit.*, p. 328-329 n.
(2) BALDUS, *loc. cit.*, p. 331.

de sens et dépendance d'affirmation. Si la formule de l'axiome de saturation comporte référence expresse à l'axiome d'ARCHIMÈDE, en cas de non vérification de celui-ci, il est évidemment satisfait par annulation. Mais s'il a pour énoncé : l'ensemble des objets satisfaisant aux axiomes du système (non précisés) n'est pas extensible, on voit qu'il est contradictoire si l'on retire l'axiome d'ARCHIMÈDE, qu'il subsiste au contraire si on enlève l'axiome des parallèles. D'autre part, la relation qu'il introduit entre les objets n'est posée que négativement : il faut avoir déjà la notion de l'ensemble des nombres réels pour le comprendre. D'où son remplacement que préconise VEBLEN, par l'axiome équivalent de CANTOR : dans toute suite infinie de segments emboîtés, il y a au moins un point commun à tous les segments. Mais c'est justement ce recours à la notion de suite infinie quelconque que voulait éviter HILBERT par son axiomatisation des nombres réels : « les scrupules que l'on a formulés à propos du système de tous les nombres réels et d'ensembles infinis en général, perdent (avec cette méthode)... toute justification » (1). Une autre solution est de se référer à l'ensemble de tous les systèmes d'objets pouvant satisfaire aux axiomes : parmi eux, énonce alors l'axiome de saturation, il y en a un qui est maximum. L'infini n'est évité que dans les mots, les deux notions d'ensemble et d'application (pour le maximum) intervenant.

Mais peut-on s'en passer pour la définition même d'une axiomatique ? Celle-ci, en tant que méthode pour fonder, se heurte à deux obstacles : 1° considérés comme éléments d'une définition implicite d'un ou plusieurs mots, les axiomes doivent faire appel pour le reste de leur énoncé à des notions préalablement introduites : notions arithmé-

---

(1) HILBERT (V), p. 242.

tiques élémentaires (il y a au moins 2 points sur une droite, il y a au moins 4 points non sur un plan...), notions fonctionnelles vagues, ou notions d'existence, d'objet, de mise en correspondance (à 2 points correspond une droite, étant donnés 2 points A et B sur une droite il existe un 3e point C tel que B soit entre A et C) ; de même en algèbre la notion d'ensemble. Donc l'axiomatisation n'est qu'isolement, au sein d'un système conceptuel déjà constitué ; on ne se représente pas d'axiomatisation dans le vide.

2° Cet isolement n'est pas arbitraire : on a vu que les axiomes, en systèmes ou en sous groupes caractérisaient chaque fois l'unité d'un processus intellectuel original. L'axiomatisation est en général postérieure à la constitution de la théorie, elle ne fait que dépouiller tout l'adventice pour la rendre purement elle-même. Dans les cas (algèbre ou théorie des ensembles) au contraire où le choix des axiomes crée une nouvelle théorie, ceux-ci n'ont jamais comme contenu que la description d'une certaine opération — déjà définie dans une théorie plus vaste — et délivrée par exemple de restrictions : ainsi on pourra en topologie définir les voisinages comme des ensembles ouverts quelconques et les ensembles ouverts comme des ensembles invariants relativement à l'intersection finie et la somme infinie. Ainsi la définition axiomatique de l'intégrale de Lebesgue qui a pour but d'assurer l'additivité complète.

De toutes façons l'axiomatisation se réfère donc doublement à un donné : extérieurement, donné du système auquel elle emprunte ses concepts ; intérieurement, donné d'une unité opératoire qu'elle ne fait que caractériser. Si elle fonde elle doit ou justifier l'un et l'autre du même coup, ou être transformée de façon à s'en passer. La distinction entre fondement logique et actualisation psychologique peut faire croire à la possibilité de la première solution. Hilbert lui-même semble s'y être pris : le donné extérieur serait évité si on démontrait successivement la non contradiction des théories adossées les unes aux autres, le donné intérieur si on prouvait leur saturation qui garantit bien une sorte d'unité. On a vu la difficulté de la 2e entreprise : la catégoricité n'a de sens qu'au sein d'une théorie plus vaste dans laquelle on peut définir mise en correspondance des objets et transfert des relations. Quant à la vraie saturation, on n'aperçoit pas dans la logique ordinaire un moyen quelconque de la prouver qui lui donne un sens effectif ; celui qu'elle a est, en réalité, emprunté à l'intuition de l'unité du processus opératoire caractérisé par les axiomes ; mais elle exige plus que cette unité : la géométrie absolue, parfaitement une, n'est pas saturée. On pourrait évidemment la laisser de côté, faire de chaque théorie un système hypothético-déductif, rassemblement arbitraire de propositions non contradictoires entre elles. Mais le problème du fondement des mathématiques est justement que l'on en puisse déduire quelque chose ; d'autre part, qu'une fermeture apparaisse après un certain nombre d'adjonctions. Il doit y avoir un sens commun aux axiomes rassemblés qui permette le raisonnement, sans quoi l'on tombe, avec des propositions complètement indépendantes (c'est-à-dire indépendantes dans les deux acceptions), dans la difficulté de la combinatoire leibnitienne des notions simples : on ne déduit pas, on ne fait que juxtaposer, en un nombre d'ailleurs déterminable à l'avance, des combinaisons. C'est la notion de démonstration, masquée par l'image vague de déduction logique, qui doit être approfondie : on a vu qu'en réalité, aussi bien chez Pasch que chez Hilbert, le raisonnement consistait en enchaînements opératoires guidés par l'intuition même de ces opérations. Tant que les axiomes ne sont pas parfaitement analysés logiquement, il est vain de parler de déduction. De même pour la première question : la difficulté est ici d'établir la non contradiction de la théorie initiale, sur laquelle tout repose, la théorie des nombres réels. Hilbert reconnut assez tôt le caractère original de l'obstacle : dès 1900, dans son discours de Paris (1), il nomme comme second des grands problèmes à résoudre la démonstration de la non contradiction de l'arithmétique pour laquelle, à la différence de ce qui a lieu en géométrie « il faut cette fois prendre la route directe... Je suis d'ailleurs convaincu du succès... si l'on adopte... les méthodes connues de la théorie des nombres irrationnels ». Cependant, en 1904, il aperçoit que « fonder l'arithmétique sur la logique » (2) n'est pas possible parce que « pour exposer les lois logiques, certains concepts arithmétiques comme celui d'ensemble et celui de nombre cardinal sont indispensables ». Reste donc la seule ressource d'une « réédification simultanée de la mathématique et de la logique ». Mais, comment régler les démarches immédiates de la pensée, sinon en les séparant de la pensée réfléchissante par une matérialisation ? La notion de démonstration ne peut être précisée que par un canon, un canon n'est possible que dans un formalisme. L'élément commun à logique et à mathématique, le signe, doit dominer : l'axiomatisation s'achève nécessairement en formalisation.

(1) HILBERT (IV), p. 300.
(2) HILBERT (VII), p. 250.

CHAPITRE III

Notion de système formel
Le formalisme hilbertien et l'analyse

Le formalisme apparaît déjà dans la démonstration de non contradiction essayée en 1904 : « un objet de notre pensée est appelé... une chose (Gedankending) et fixé par un signe » avec lequel il se confond pratiquement : tels sont les objets I, II, III, etc., =, | (qui représente l'implication), etc. ; un ensemble est une lettre *m*, et le rapport élément-ensemble, le symbole *m n*. Il ne s'agissait là que d'un passage involontaire, provoqué par les exigences du problème. Après 1920, lors de la constitution véritable de la *théorie de la démonstration*, il est reconnu et justifié à la fois par la réflexion sur l'essence du travail mathématique, et la volonté de sauver ses résultats et ses méthodes des amputations réclamées par les intuitionnistes.

« Déjà Kant a montré que la mathématique dispose d'une matière assurée, indépendamment de toute logique et, par suite, ne pourra jamais être fondée par la logique seule, d'où l'échec de Frege et de Dedekind. Bien au contraire, la condition préalable pour l'application des raisonnements logiques est la présence d'un donné dans la représentation, certains objets concrets extra logiques qui intuitivement se trouvent là comme une expérience immédiate, antérieure à toute pensée (1). » L'idée est bien kantienne : la mathéma-

(1) Hilbert (IX), p. 170. Nous renvoyons pour la pagination à la 1re édition — complète — du mémoire dans les *Mathematische Annalen*.

tique est plus que la logique, en tant qu'elle est pensée effective, et que toute pensée effective suppose application de la pensée abstraite à une intuition. La logique n'est donc que la partie commune aux diverses activités scientifiques qui la dépassent également de la même façon. « Telle est la position philosophique que j'estime nécessaire en présence de la mathématique comme, en général, de tout effort pour penser, comprendre, exprimer ; l'abandonner serait nier toute activité intellectuelle. » Mais ce n'est pas tant la stérilité de la logique qui est ici visée, que, chose extra kantienne, son insécurité : « si la déduction logique veut être assurée, elle doit porter sur des objets embrassables du regard sous toutes les faces, tels que leurs signes distinctifs, leurs relations réciproques soient intuitivement donnés avec eux, comme quelque chose qui ne se laisse réduire à rien d'autre et n'en a pas besoin » (1). Toutefois, l'écart est moins grand qu'il ne paraît : si, tournant à vide, la logique fournit des contradictions, c'est que son emploi est alors incorrect, elle s'est donné de faux objets. La différence avec KANT est qu'il n'y a pas de pensée logique pure, la logique n'est qu'un constituant, non isolable de toute pensée fonctionnant véritablement. Dès lors, le problème de la jonction entre pensée abstraite et intuition ne se pose plus, du moins au même endroit. Si la logique disparaît comme discipline autonome, on ne peut plus définir que négativement son rôle par élimination de celui des intuitions concrètes, garanties à la fois de la fécondité et de la sûreté des raisonnements. Bien avant les paradoxes, HILBERT avait insisté sur l'importance des enchaînements intuitifs dans le travail mathématique véritable. « Qui ne se sert du dessin de segments et de rectangles encastrés pour démontrer en toute rigueur un théorème compliqué sur la continuité des fonc-

---

(1) *Ibid.*, p. 171, passage reproduit dans *Die Grundlagen der Mathematik*. HILBERT (XII), p. 65.

tions, ou l'existence de points d'accumulation ? Qui pourrait se passer de la figure du triangle, du cercle avec son centre, de la croix des axes de coordonnées ? (1) » Aides psychologiques pour l'imagination ? mais la mathématique n'est pas hors de l'imagination : « les signes arithmétiques sont des figures écrites (2), les figures géométriques des formules dessinées, et il serait aussi impossible à un mathématicien de s'en passer que d'ignorer les parenthèses en écrivant ». Cette homogénéité rétablie entre formules et figures permet de considérer comme intuitive la mathématique des algébristes et, en général, des tenants d'une abstraction complète qui ne saurait exister. A la vérité, la théorie est à peine esquissée : toutefois, dès 1900, les notions corrélatives de signe et d'axiomatique montrent qu'il ne s'agit pas de description empirique. L'essence même de la mathématique est jeu réglé de symboles, ceux-ci n'étant pas un adjuvant pour la mémoire, mais définissant une sorte d'espace abstrait avec autant de dimensions qu'il y a de degrés de liberté dans l'opération concrète et imprévisible de la combinaison. C'est elle qui doit déterminer, non en fait mais en droit, « une irréductible de région de raisonnement intuitif », sans laquelle la mathématique ne serait pas : « dès l'abord d'un problème, en arithmétique exactement comme en géométrie, nous nous livrons à de rapides, inconscientes, d'ailleurs provisoires combinaisons, confiants dans un certain sentiment arithmétique pour la zone d'action des signes » (3). Si pensée abstraite implique nécessité, si le devenir mathématique est l'apparition d'un nouveau véritable, il faut que la création se situe dans ce sensible que représente l'espace combinatoire. C'est donc bien, comme l'entendait Kant, d'abord la fécondité que garantit le recours à l'intuitif, mais

(1) Hilbert (IV), p. 295.
(2) Cf. plus haut les textes analogues de Kant.
(3) Hilbert, *ibid.*, p. 296.

non pas en tant que résultat d'unification d'un divers par la pensée abstraite. La double liaison actif-intellectuel, sensible-passif, est ici brisée : c'est dans l'intuition qu'apparaît l'acte libre. Le rôle de l'intellectuel ou logique est aussi restreint que possible : simple fixation de résultats acquis ou conventions adoptées, fidélité de l'esprit à ce qu'il a fait. Mais, ici encore, le sensible intervient : dans la configuration du signe, est inscrit le rappel à ses règles d'emploi, un raisonnement écrit ne peut tromper, car dans son dessin apparaîtraient des figures exclues. Tel est le double rôle du signe, mixte, lui aussi, intellectuel-sensible ; s'il possède dans son essence une règle intellectuelle qui garantit contre l'erreur, il est condition de création par sa mobilité dans le sensible. C'est à lui, non à l'application (Abbildung) de DEDEKIND, que la mathématique tout entière doit origine et développement : « am Anfang, so heisst es hier, ist das Zeichen » (1).

Toutefois, son intervention dans la mathématique classique est soumise à l'arbitraire des problèmes : il apparaît au hasard des méthodes trouvées, et si chaque fois la règle de son emploi fixe avec précision le domaine corrélatif de pensée concrète où il doit se mouvoir, il n'y a pas de système de tous les signes avec, en regard, une intersection délimitée de toutes les régions intuitives. D'où les incertitudes des formalismes partiels, cet emploi ambigu où le signe est à la fois, ce que veut HILBERT, un point mobile dans une zone d'absolue liberté, et le représentant d'autres opérations concrètes, celles-là simplement supposées, mais dont le résultat importe pour l'usage actuel. Le retentissement sur d'autres plans de la combinaison réalisée entraîne un enchevêtrement de rapports dont l'esprit ne se sent plus maître. Il apparaît alors nécessaire de relier effectivement entre elles

---

(1) HILBERT (IX), p. 163.

les diverses opérations superposées, de reconstruire, par exemple, tout objet de l'analyse à partir de l'intuition simple du nombre entier. Tel était le point de départ de KRONECKER ; mais en suivant sa ligne de pensée on aboutit par un curieux renversement du formalisme à l'intuitionnisme avec toutes les restrictions de méthodes qu'il impose.

A cela, HILBERT ne veut pas se résoudre. Ni le rejet — pourtant admis par nombre de mathématiciens non intuitionnistes — de la théorie abstraite des ensembles, en particulier l'arithmétique des nombres transfinis « la plus admirable efflorescence de l'esprit mathématique » (1), ni surtout le renoncement aux « élégantes démonstrations » où intervient le tiers exclu, ne le trouvent résigné. « Priver le mathématicien du *tertium non datur* serait enlever son télescope à l'astronome, son poing au boxeur » (2). C'est au nom de la technique qu'il s'élève contre BROUWER : la théorie des fonctions, celle de l'application conforme, des équations aux dérivées partielles ne deviennent plus, avec l'intuitionnisme, « qu'un monceau de ruines ». Le problème existe (on a vu que le point de départ philosophique de HILBERT est sensiblement identique à celui de BROUWER), mais il importe de le situer par rapport à la science véritable : ce ne sont pas des difficultés techniques qui ont provoqué, après la guerre, le développement de l'intuitionnisme, l'analyse a pu être sillonnée dans tous les sens, ses méthodes raffinées, enchevêtrées à l'extrême sans qu'apparaisse la moindre contradiction. Si le cercle signalé par WEYL est incontestable, il est du moins inoffensif (3). La solution n'est donc pas dans une reconstruction — qui serait d'ailleurs un retour vers le passé (4) — mais une redistribution des méthodes, chacune

(1) HILBERT (XI), p. 167.
(2) HILBERT (XII), p. 80.
(3) HILBERT (X), p. 160.
(4) « BROUWER n'est pas la révolution, comme croit WEYL, mais le renouvellement d'une tentative de putsch avec d'anciennes méthodes qui, à leur

légitime remise en son lieu propre. La seule difficulté vient de l'infini : exiger qu'une démonstration s'effectue en un nombre fini de démarches va de soi — « comment pourrait-il en être autrement ? » — reste la référence à des collections infinies, soit par l'application du *tertium non datur* (affirmation de l'existence d'un objet... basée sur la négation d'une proposition générale), soit par le choix arbitraire d'un élément. De même que WEIERSTRASS a sauvé le passage à la limite que semblait conditionner l'infini potentiel, en précisant la notion finie de convergence, de même est-il possible de donner un sens admissible à ces interventions de l'infini actuel. C'est l'analogie avec les introductions des éléments idéaux qui fournit ici la solution. Il s'agit d'assurer une validité universelle à des règles — principe du tiers exclu — que leur emploi concret soumet à des limitations (collections finies). « Souvenons-nous que nous sommes mathématiciens et que comme tels nous nous sommes trouvés dans de semblables embarras, et comment la méthode géniale des idéaux nous a tirés d'affaire » (1). En théorie des nombres, pour la validité inconditionnée des lois de la soustraction, de la division ou de l'extraction de racines, en algèbre, pour assurer les lois fixant le nombre des racines d'une équation algébrique ou la divisibilité des nombres entiers algébriques, ont été introduits tour à tour les entiers négatifs, les nombres rationnels, réels, complexes, les idéaux de KUMMER. Le procédé est chaque fois le même ; quelle que soit la formalisation préalable, le point de départ est une opération qui y échappe (zone d'usage du signe) et dont l'accomplissement concret sur un matériel préalablement donné est,

---

époque, quoique plus énergiquement utilisées, ont complètement échoué et maintenant que le pouvoir central est armé et renforcé grâce à FREGE, DEDEKIND et CANTOR sont à l'avance condamnés à l'insuccès ». HILBERT (IX), p. 160.

(1) HILBERT (XI), p. 174.

ipso facto, soumis à restrictions : exponentiation comme itération de la multiplication, etc. L'adjonction d'idéaux substitue aux objets primitifs un système de symboles point de départ et résultat des opérations définies, cette fois, uniquement par leurs propriétés formelles ($a^x . a^y = a^{x+y}$ pour l'élévation à la puissance, par exemple). Ce sont les généralisations successives étudiées par DEDEKIND dans son discours d'habilitation. Comme condition, leur est imposée une double liaison avec le domaine primitif : d'une part, la possibilité d'y retraduire opérations et objets nouveaux ; un nombre rationnel est un couple d'entiers, un idéal de KUMMER un système infini d'entiers algébriques ordinaires, et les opérations effectuées sur eux se réduisent à des opérations du plan inférieur sur leurs éléments ; d'autre part, la restitution du système initial (objets et opérations) par élimination des idéaux : la partie réelle d'un nombre complexe étant nulle, on retrouve les opérations sur les nombres réels. La première condition assure le libre passage de bas en haut : quel que soit le degré d'abstraction établie, il est toujours possible d'atteindre un objet particulier et de donner à une opération son sens concret de système plus ou moins compliqué d'opérations sur les entiers. La 2e garantit l'unité de haut en bas : dans son progrès formel, la mathématique doit conserver chaque fois, comme cas particulier, l'étage inférieur plus concret qu'elle vient de quitter. Dans le cas du tiers exclu, l'opération intuitive est le raisonnement mathématique en général, le point de départ, l'arithmétique vulgaire finie où les objets sont des collections de barres verticales, les opérations, adjonction itérée d'une unité, leurs propriétés (associativité, distributivité, commutativité, $a + b = b + a$) des constatations expérimentales. Dès que l'on va plus loin, en effet, même en théorie élémentaire des nombres, apparaît la référence à l'infini des entiers et, comme conséquence, les problèmes non résolus (théorème de FERMAT), avec une possibilité permanente d'en créer de nouveaux (décimales de π, etc.) : impossibilité de l'application du tiers exclu. La solution est une formalisation totale des raisonnements dans la mathématique tout entière, grâce à la logique symbolique, « toute préparée à cet effet en vertu d'une harmonie préétablie » [1] : il n'y aura plus que jeu mécanique de signes. Les conditions de liaison sont satisfaites, l'une, en principe, par l'édification de la mathématique intuitionniste de BROUWER (HILBERT ne semble pas se préoccuper ici de préciser), l'autre effectivement par la démonstration de la non contradiction formelle du système symbolique [2]. Celle-ci consiste, en effet, dans l'impossibilité d'y obtenir toute formule : lorsqu'il contient la logique classique, d'obtenir, en particulier, une formule et sa négation. Puisque le système symbolique doit traduire toute la mathématique finie, les propositions que celle-ci décide vraies y seront évidemment démontrables, donc leurs négations, $0 \neq 0$, par exemple, ne pourront apparaître en conclusion d'un raisonnement formel : par l'élimination des idéaux, si le système est non contradictoire, on retrouvera donc exactement les résultats de la mathématique intuitive.

Enfin, reste à préciser la zone de pensée effective : chaque adjonction d'idéaux n'a pour but que de libérer celle-ci dans la région concrète corrélative du signe. La formalisation de l'ensemble des mathématiques procure ce système général de tous les signes et, en regard, cette intersection des domaines intuitifs que réclamait l'usage rationnel. La métamathématique, ou théorie de la démonstration, devient la science véritable : ses objets seront les assemblages de signes ou formules, leur organisation en unités de dépendance ou théories. C'est dans le groupement de celles-ci, l'adjonction d'axiomes, l'épreuve de leurs fécondités relatives que con-

(1) *Ibid.*, p. 176.
(2) HILBERT (XII), p. 73.

siste le travail réel, capable de procurer une vérité. La pensée est d'ailleurs toujours sûre d'elle-même, puisque la pleine conscience accompagne chacune de ses démarches, en nombre fini : les exigences intuitionnistes sont ici rigoureusement satisfaites. L'arithmétique élémentaire primitive est utilisée : progrès sur le mémoire de 1904 où il était encore question de la formaliser, et réponse aux objections de POINCARÉ qui voyait dans l'*intuition du nombre pur* — sur laquelle se base l'induction complète — un irréductible logique, recours inéliminable à la suite infinie des entiers. L'induction véritable — et devant être formalisée — qui permet d'énoncer des propositions portant sur une totalité infinie, n'a rien à voir avec l'induction utilisée en métamathématique qui procède de proche en proche et ne fait que résumer les résultats acquis que l'on pouvait reprendre individuellement. Logique et mathématique subissant un sort commun sont également réparties entre les domaines du formalisme et de l'intuition, la séparation ne s'effectue plus entre elles mais porte sur leur mixte où il était vain de vouloir les isoler.

Ainsi se trouvent supprimées les difficultés qui venaient, chaque fois, d'une confusion entre raisonnements mathématiques et métamathématiques : les distinguer avec soin est le premier rôle de la théorie de la démonstration. L'effort est nécessaire, car, contrairement au cas des adjonctions ordinaires d'idéaux — et ici « la comparaison boite un peu » [1] — d'une part le système formel doit être total, d'autre part le domaine primitif avait été déjà débordé par une mathématique classique passant outre aux obstacles et se constituant en formalismes partiels, situation analogue, si l'on veut, à celle de la théorie des nombres réels antérieurement aux définitions de DEDEKIND-WEIERSTRASS. — A la fois avec ce qu'elle est sous cette forme et avec l'exigence de son

(1) HEYTING (IV), p. 56.

progrès indéfini, il importe de préciser le rapport : d'où la divergence entre ce que HEYTING appelle le *formalisme radical* de von NEUMANN et la théorie propre de HILBERT [1]. Pour le premier, les possibilités d'un système formel étant illimitées (par la libre adjonction de symboles et de règles), la mathématique historique ne sera qu'un principe de choix entre elles : son devenir reste inexpliqué, la *théorie de la démonstration* n'a pour but que de montrer après coup la solidité de ses résultats par une traduction dans des formalismes non contradictoires. L'insuccès de l'opération est preuve d'erreur, son succès ne justifie pas l'essentiel, il n'y a que mise en correspondance de deux processus extrinsèques. HILBERT, au contraire, voit dans les formules « des images de pensées » [2] : en édifiant son formalisme, il ne fait que pousser à bout les méthodes et les raisonnements qui engendrent effectivement les théories, s'il n'y a pas coïncidence avec la mathématique historique (qui n'emploie pas les signes logiques, etc.), c'est que celle-ci comporte inadvertances ou raccourcis relevant d'un contingent pur : en droit, il n'y a d'autre mathématique que la formelle et son corrélat métamathématique, elles ne sont « que le protocole des règles d'après lesquelles notre entendement procède effectivement » [3]. Le progrès est dû à la considération intuitive des objets-théories — avec tout ce qu'elle comporte d'imprévisible — et se traduit par l'adjonction de nouveaux axiomes. Reste à établir dans le détail cette étroite correspondance, à donner aussi exemple du caractère métamathématique d'un mouvement en avant, enfin à prouver que la condition ordinaire à l'adjonction d'idéaux est bien réalisée. Ce seront les trois principales tâches entreprises dans l'école hilbertienne : démonstration de non con-

---

(1) *Ibid.*, p. 51-52.
(2) HILBERT (X), p. 153.
(3) HILBERT (XII), p. 79.

tradiction formelle ; à propos du progrès, problème de la décision — et, comme preuve de fécondité, étude du problème du continu — ; développement détaillé du formalisme qui doit donner à l'analyse son véritable aspect.

* * *

Un système formel en général (1) est un groupement hiérarchique d'assemblages de signes ou *formules complètes* tel qu'à partir de certaines d'entre elles (en nombre fini ou infini) considérées comme valables on en puisse obtenir d'autres, grâce à des procédés fixés une fois pour toutes. Sa définition comporte donc : 1° la détermination à la fois du matériel symbolique (signes fondamentaux et s'il y a lieu, moyens d'en fabriquer de nouveaux, répartis en diverses catégories) et des conditions auxquelles doivent satisfaire les assemblages de signes qui seront seuls étudiés : *formules pourvues de sens*, avec distinction entre *formules complètes* (se suffisant à elles-mêmes, c'est-à-dire seules capables de validité ou non validité) et *formules partielles* seulement isolables par leur possibilité de remplacement mutuel à l'intérieur des premières (*règles de structure*) ; 2° l'énoncé des conditions de validité, c'est-à-dire énumération (ou délimitation) des formules complètes admises comme valables au départ et des règles permettant d'en obtenir d'autres (*règles de déduction*).

Si le formalisme comprend la logique, les formules com-

---

(1) Cf. A. Tarski (II) et (IV) ; dans (IV) se trouve une définition abstraite des systèmes déductifs, à la fois plus étroite et plus générale que la nôtre : plus étroite parce qu'elle repose sur la notion de conséquence, définie à l'aide de la logique classique ; plus générale parce qu'elle fait appel à des considérations naïves d'ensembles : un système est un ensemble de propositions; il faut alors isoler les *systèmes déductifs* invariants par rapport à l'opération de la déduction. On prend comme base l'ensemble de toutes les propositions complètes.

plètes sont appelées propositions, le point de départ les axiomes, le processus de déduction, une démonstration : effectuée, elle donne une sorte de dessin à ramifications convergentes « les fils de démonstrations » (HILBERT), composés chacun d'une suite de propositions entre lesquelles le passage s'effectue par application d'une règle ; il y a réunion de plusieurs fils, lorsque la règle exige la présence simultanée de plusieurs propositions. Il faut évidemment que fils et dessins entiers puissent être dominés par la pensée finie (1). Grâce à la *règle de substitution* on obtient cependant une extension infinie de systèmes : elle détermine dans les formules complètes une partie mobile, les signes appelés *variables* qui peuvent être remplacés par des signes ou formules d'une catégorie déterminée. On l'évite parfois en écrivant au lieu d'axiomes de simples schémas avec des vides remplissables de façon analogue.

Pour présenter un intérêt un système formel doit posséder une sorte de fermeture qui peut se manifester de deux façons différentes, indépendantes mais conjuguées : d'une part, toute formule complète du système ne doit pas y être démontrable ; d'autre part impossibilité d'ajouter au départ une nouvelle formule complète non démontrable sans que toute formule complète devienne démontrable (2). La définition précise — et l'établissement — de ces deux propriétés

---

(1) TARSKI distingue parmi les systèmes déductifs les systèmes *axiomatisables* c'est-à-dire comportant un départ fini : il semble que cette distinction soit rendue vaine par la règle de substitution. On peut sans doute concevoir des systèmes à départ irréductiblement infini (c'est-à-dire ne pouvant être fixé en un nombre fini de schémas) : leur considération semble dépourvue de tout intérêt.

(2) TARSKI définit ainsi cette propriété : tout système déductif contenant le système considéré coïncide ou bien avec lui ou bien avec le système de toutes les propositions complètes (la méthode de TARSKI exclut la notion d'extension successive). Il introduit aussi la notion de *système irréductible*, tel que tout sous-système coïncide avec lui ou avec le calcul logique, intersection commune de tous les systèmes déductifs.

dépend évidemment des règles de déduction qui fixent la notion de démonstration. La deuxième propriété n'exclut pas la possibilité d'étendre un système formel par l'adjonction de nouveaux signes et de nouvelles règles (et axiomes) [1]. Le système formel représentant les mathématiques se définit ainsi par paliers successifs, le premier palier coïncidant avec le calcul logique des propositions. HEYTING a donné l'exemple d'un système formel divergent dès le début de la logique classique [2] ; son calcul intuitionniste des propositions comporte deux sortes de signes : les constantes logiques $\neg$, $\vee$, $\wedge$, $\supset$ et les propositions élémentaires, $a, b, c, \ldots$ Une formule complète consiste soit dans une proposition élément, soit dans un assemblage réglé par les constantes logiques ($\neg a$, $a \vee b$, etc.). Les axiomes posent les assemblages valables initialement ; deux règles, la règle de substitution et la règle de séparation (si a et $a \supset b$ sont valables, b aussi) permettent d'en obtenir d'autres. Des deux propriétés énoncées plus haut, la première seule est établissable, la deuxième n'existe pas : si on ajoute $a \vee \neg a$ aux axiomes on obtient le calcul classique des propositions.

Pour celui-ci la définition la plus brève est celle de LUKASIEWICZ-TARSKI [3] : outre les signes propositions éléments (a, b, c), deux signes fondamentaux $\neg$ et $\rightarrow$. Dans les règles de structure posant comme propositions les assemblages $\neg a$, $a \rightarrow b$, etc., intervient la définition de signes abréviations

$$a \vee b \text{ pour } \neg a \rightarrow b\,;\ a \wedge b \text{ pour } \neg(a \rightarrow c \neg b)$$

Enfin règles de substitution, de séparation (comme pour HEYTING), et trois axiomes :

---

(1) BERNAYS a précisé cette notion d'extension d'un formalisme à propos de l'arithmétique formalisée. Cf. HILBERT-BERNAYS (I), p. 354-356.

(2) HEYTING (I), p. 43.

(3) LUKASIEWICZ-TARSKI (I).

$$(\neg a \rightarrow a) \rightarrow a$$
$$a \rightarrow (\neg a \rightarrow b)$$
$$(a \rightarrow b) \rightarrow [(b \rightarrow c) \rightarrow (a \rightarrow c)]$$

L'inconvénient d'une telle introduction est de masquer la signification véritable du calcul des propositions, la raison de son privilège comme partie commune à tous les systèmes formels classiques. En réalité si on ne veut pas opérer à son sujet un redoublement des notions logiques intuitives, il doit être considéré non comme système formel particulier mais comme complément des règles de structure et de déduction dans la définition d'un système formel en général : les formules complètes sont supposées réparties d'après leur validité ou non validité en deux classes disjointes (sans élément commun) (principe de non contradiction) et de façon exhaustive (principe du tiers exclu). La seule nouveauté est de considérer des assemblages de une, deux ou *n* propositions éléments qui constitueront des *propositions complexes* dont la validité sera définie d'après celle des propositions éléments (*fonctions de vérité*) : ainsi pour $\neg a$, $a \wedge b$, $a \vee b$, $a \rightarrow b$ (1) entre lesquels la symétrie est rétablie (2). Il n'y a donc ni axiome ni règles de raisonnement : la règle de substitution vaut dans tout système formel, la règle de séparation est conséquence immédiate de la définition de $\rightarrow$ (3).

---

(1) $\neg a$ vaut quand a ne vaut pas ; $a \vee b$ vaut quand au moins un des deux éléments a ou b vaut ; $a \wedge b$ seulement quand les deux valent à la fois. $a \rightarrow b$ vaut toujours sauf si a vaut et b ne vaut pas. On pourrait prendre d'autres fonctions comme l'incompatibilité (NICOD). Pour le rapport avec la logique traditionnelle, v. J. CAVAILLÈS (II).

(2) Ainsi $a \rightarrow b$ s'écrit $\neg a \vee b$, $a \wedge b$: $\neg(\neg a \vee \neg b)$

» » $\neg(a \wedge \neg b)$, $a \vee b$: $\neg(\neg a \wedge \neg b)$

Lorsque, comme il est courant, les 4 constantes figurent dans une proposition complexe on convient, pour éviter les parenthèses, que leurs puissances d'action relatives sont déterminées par l'ordre $\rightarrow$, $\wedge$, $\vee$, $\neg$. Par exemple on écrira :

$$a \rightarrow \neg b \wedge c \vee d \quad \text{au lieu de} \quad a \rightarrow [\neg b \wedge (c \vee d)]$$

(3) En effet si a et $a \rightarrow b$ valent, b doit valoir.

Avec le rapport aux objets commence la mathématique véritable : une proposition est l'affirmation qu'une propriété est possédée par un ou plusieurs objets. D'où à la fois la répartition des variables en *types* et l'introduction des notions corrélatives de *fonction mathématique* et d'*individu*. Une proposition élément est le couple formé par une variable d'un certain type (prédicat) et un argument, groupe de variables dont le plus haut type est immédiatement inférieur à celui du prédicat (tout assemblage, opéré par le calcul des propositions, de prédicats portant sur le même argument sera ici considéré comme une proposition élémentaire, la coordination par les fonctions de vérité des différents prédicats définissant complètement un unique prédicat, représentable par une lettre) (1). Il est évident qu'un système donné ne peut comporter qu'une infinité dénombrable de types (puisqu'on ne peut jamais définir qu'une infinité dénombrable de signes). — Les *individus* sont des signes de type déterminé qui peuvent être substitués dans une proposition aux variables de même type, la réciproque étant impossible. Ils sont introduits dans le formalisme par des axiomes qui donnent de nouveaux moyens de démonstration. Il arrive donc qu'une proposition à variables impossible à démontrer devienne démontrable pour certaines individualisations de ses variables (les substitutions d'individus affectant toutes les variables ou seulement une partie

---

(1) La notion de type — introduite par Russell pour échapper au paradoxe qu'il avait découvert dans la théorie des ensembles — répond à ce que Husserl (II) appelle la faculté thématisante des mathématiques : toute propriété d'un objet peut devenir à son tour objet et posséder des propriétés ; en langage de théorie des ensembles : tout ensemble d'éléments peut devenir élément d'un ensemble. L'ensemble paradoxe de Russell se contenait lui-même comme élément : ou la variable prédicat se possède elle-même comme argument. On voit que la règle de structure du texte interdit une telle rencontre. Mais en mathématiques il arrive de définir un nombre (entier, réel) par une propriété (un ensemble) de nombres (réels, entiers) : ainsi la borne supérieure d'un ensemble. Le nombre obtenu serait d'un type supérieur ; d'où l'axiome de réductibilité ci-après p. 110.

d'entre elles). On pourrait même concevoir qu'une proposition soit démontrable pour tous les individus substituables à une de ses variables (par répétition chaque fois d'une démonstration pour chaque individualisation) sans que soit connue une démonstration pour la proposition à variables [1]. Ces éventualités exigent l'introduction de nouveaux signes, les *quantificateurs*. Si par un moyen quelconque la proposition [2] :

$$\mathfrak{A}\,(x_n,\ y_n,\ z_n\ldots)$$

est démontrable pour toute individualisation des variables x_n, y_n, on écrit :

$$\prod_{x_n,\, y_n} \mathfrak{A}\,(x_n,\ y_n,\ z_n\ \ldots)$$

Si au contraire elle est démontrable pour certaines individualisations seulement des mêmes variables on écrit [3] :

$$\neg \prod_{x_n,\, y_n} \neg\ \mathfrak{A}\,(x_n,\ y_n,\ z_n\ldots)$$

ou par abréviation [4] :

$$\sum_{x_n,\, y_n} \mathfrak{A}\,(x_n,\ y_n,\ z_n\ldots)$$

Les propositions sont dites *quantifiées* par Π ou par Σ, et les variables correspondantes (ici x_n, y_n) *liées* par Π ou Σ : il n'y a plus pour ces variables possibilité de substitution d'individus. Un quantificateur peut figurer à l'intérieur

(1) Le cas peut se présenter s'il n'y a qu'un nombre fini d'individus substituables à la variable.

(2) Les majuscules gothiques $\mathfrak{A}$, $\mathfrak{B}$ représentent des propositions complexes ayant pour éléments des prédicats de type $n + 1$ (les variables sont de type n).

(3) Ce qui ne pourrait être exprimé sans quantificateur.

(4) Le symbole Σ n'est pas comme Π un nouveau signe, mais abréviation pour $\neg\,\Pi\,\neg$.

d'une proposition complexe (par application de la règle de substitution) : il a pour *étendue* — fixée par des parenthèses — la proposition élémentaire ou complexe dont il lie une ou plusieurs variables. L'introduction formelle des quantificateurs s'effectue au moyen d'une règle et d'un axiome :

a) règle de *généralisation* : on a le droit de quantifier par Π toute proposition à variables valable, Π liant toutes ou certaines seulement des variables de la proposition. L'étendue de Π peut être d'ailleurs arbitrairement augmentée ou diminuée (lorsque par exemple la proposition quantifiée figure dans une proposition complexe) sous la double réserve : 1° que les variables liées par Π, ou d'autres variables représentées par le même symbole, n'apparaissent pas dans les propositions partielles admises ou exclues par ces extensions ou ces diminutions ; 2° que le quantificateur ne soit pas amené à enjamber des négations lorsque la proposition complète est mise sous forme normale conjonctive ou disjonctive. Autrement dit, que ces variations ne changent rien aux opérations de démonstration de la proposition (1) ; on peut écrire indifféremment :

$$\underset{x}{\Pi}\ [\mathfrak{A}(x) \vee \mathfrak{B}] \quad \text{ou} \quad \underset{x}{\Pi}\ \mathfrak{A}(\dot{x}) \vee \mathfrak{B}$$

La justification intuitive de la règle est immédiate : si une proposition à variables est démontrable il résulte de la règle de substitution que toutes ses individualisations sont démontrables, donc aussi la proposition quantifiée qui résume leur ensemble.

---

(1) Cette règle, incorporée à la règle de généralisation, remplace ce qu'on distingue habituellement sous le nom de règle de *passage* : passage des signes $\vee$ et $\wedge$ dans l'étendue de Π (Cf. en particulier HERBRAND (II), p. 32). GÖDEL introduit un axiome spécial :

$$\Pi(\mathfrak{A}(x)\ \vee \mathfrak{B}) \rightarrow \underset{x}{\Pi}\mathfrak{A}(x) \vee \mathfrak{B}$$

(GÖDEL (I), p. 350) qui nous semble superflu. L'énoncé de la règle du texte montre assez qu'il s'agit d'un seul acte de l'esprit opérant sur le formalisme.

b) *Axiome du calcul des prédicats* :

$$(1) \qquad \prod_{x_n,\, y_n} \mathfrak{A}\,(x_n, y_n, z_n, \ldots) \rightarrow \mathfrak{A}\,(x_n, y_n, z_n \ldots)$$

Il garantit le passage, dans une démonstration, de propositions individualisées à propositions quantifiées : si on substitue les individus i_n, j_n à x_n, y_n dans (1) on voit que la substitution ne peut s'effectuer qu'à droite. On obtient, en contraposant :

$$\neg\, \mathfrak{A}\,(i_n, j_n, z_n \ldots) \rightarrow \neg \prod_{x_n,\, y_n} \mathfrak{A}\,(x_n, y_n, z_n \ldots)$$

ou en remplaçant

$$\neg\, \mathfrak{A}\,(\quad) \text{ par } \mathfrak{B}\,(\quad)$$

$$\mathfrak{B}\,(i_n, j_n, z_n \ldots) \rightarrow \sum_{x_n,\, y_n} \mathfrak{B}\,(x_n, y_n, z_n \ldots)$$

Si les individus i_n, j_n permettent de démontrer le 1er membre de l'implication il en résulte donc une démonstration pour la quantification par Σ de la proposition. Il n'y a pas ici de justification intuitive mais plutôt définition du quantificateur, ou — si l'on donne à celui-ci son sens intuitif — du rapport variable individu : la substituabilité non réciproque se transforme en relation de représentation : la variable n'est plus, d'après la formule (1), que le représentant de la collectivité des individus qui lui sont substituables.

Pas plus pour le calcul des prédicats que pour le calcul des propositions une démonstration de non contradiction des règles et des axiomes n'a de sens : on a vu que pour le calcul des propositions tel qu'il s'introduit naturellement il n'y a pas d'axiome, mais des règles découlant immédiatement de la notion de non contradiction. Pour le calcul des prédicats la règle est une convention d'écriture et l'axiome est unique. Grâce à la règle on unifie le formalisme en remplaçant partout où cela est commode propositions à variables par propositions quantifiées : l'axiome achève l'unification par l'introduction d'une relation nouvelle. Mais c'est une relation où — comme on voit — la négation joue un rôle essentiel : elle ne permet que de démontrer fort peu dans le plan des propositions à variables lorsqu'on a une démonstration pour une certaine individualisation. Cette hétérogénéité entre les 2 espèces de propositions — caractéristique des systèmes formels représentant les mathématiques et origine des difficultés soulevées par les intuitionnistes — n'empêche d'ailleurs pas un enchevêtrement, par l'intervention de propositions à variables dans les définitions d'individus (d'où l'impossibilité d'une solution radicale, comme l'élimination des propositions à variables, à quoi ne peuvent songer les intuitionnistes) (1).

Les définitions d'individus ou de catégories de variables (2) s'effectuent de deux façons différentes : les unes sont de simples abréviations d'écriture ; un signe nouveau remplace une expression dont la catégorie (espèce de variable ou d'individu, type) est bien déterminée (3). L'axiome définition est alors toujours une équivalence et ne représente aucune extension de puissance pour le formalisme : axiome et signe introduits pouvant toujours être éliminés, il n'y a pas de démonstration de non contradiction à présenter pour l'adjonction. Au contraire, les autres définitions mettent en rapport des parties distinctes du formalisme : elles énoncent qu'une certaine expression — réunion originale de signes — peut être représentée par un signe d'une catégorie déjà connue ; tous les modes de raisonnements va-

(1) Cf. HEYTING (II), p. 57 et 158, les signes de quantité ne sont pas, pour lui, comme on pourrait le croire, de simples abréviations de conjonctions et disjonctions itérées.

(2) On peut, bien entendu, distinguer dans chaque type diverses catégories de variables, caractérisées par des axiomes.

(3) Exemple, définition dans chaque type n de l'individu $=_n$

$$x_{n-1} =_n y_{n-1} \rightleftarrows \prod_{x_n}[x_n\ (x_{n-1}) \rightarrow x_n\ (y_{n-1})]$$

(nous mettons ici, pour simplifier, le prédicat-individu $=_n$ entre ses 2 arguments).

lables pour cette catégorie seront donc étendus au système nouveau d'expressions : possibilité de démontrer davantage. On voit alors que la non contradiction avec les axiomes antérieurs n'est plus évidente. Ces définitions — dans le système que nous considérons — peuvent être fondées de façon uniforme par l'axiome-schéma dit de *réductibilité* :

$$\sum_{x_n} \prod_{x_{n-1} y_{n-1} \dots} [x_n (x_{n-1}, y_{n-1} \dots) \rightleftarrows \mathfrak{A}] \qquad (2)$$

($\mathfrak{A}$ étant une proposition quelconque — l'expression à remplacer — où ne figurent comme variables *libres* que des variables de type inférieur ou égal à $n-1$; en revanche, peuvent y paraître des variables liées de type quelconque). L'axiome donne au formalisme son caractère général prédicatif, c'est-à-dire garantit la possibilité de ramener toute relation à une proposition-élément de type immédiatement supérieur (en langage de théorie des ensembles, toute propriété s'exprime par l'appartenance à un ensemble). En particulier, il autorise les définitions non prédicatives indispensables en mathématique : un individu de type n peut se définir par référence à tous les individus de son type (si dans $\mathfrak{A}$ apparaît comme variable liée la variable de type n). Il est complété par l'axiome-schéma d'*extension*, garantie que les définitions d'individus ou caractérisations de variables sont univoques :

$$\prod_{x_n y_n \dots} [x_{n+1} (x^n y_n \dots) \rightleftarrows y_{n+1} (x_n y_n \dots)] \rightarrow x_{n+1} = y_{n+1} \qquad (3)$$

(en langage de la théorie des classes : une classe est déterminée par ses éléments). On peut, lorsqu'il s'agit d'un individu, mettre la définition sous forme explicite (1) grâce à

(1) Une définition est explicite lorsque l'objet (individu) à définir, k, peut être lié à l'expression définissante au moyen d'une égalité. Si l'expression définissante est $\mathfrak{A}(x)$, $\mathfrak{A}$ représentant une architecture logique quelconque où figure la variable x, l'axiome-définition s'écrit :

$$k = \iota x \, \mathfrak{A}(x).$$

l'artifice russellien du terme « celui qui » $\iota\ \mathfrak{A}(x)$, mais le nouvel axiome est une simple conséquence des axiomes obtenus à partir des schémas (2) et (3), ses « formules d'unité » [1].

L'analyse classique étudie les procédés de définitions progressives d'individus — ou de catégories de variables — à partir d'une seule espèce d'individus de type 1, les nombres entiers. On prend pour cela deux signes fondamentaux, o et s, caractérisés par trois axiomes : les deux axiomes de Peano et l'axiome d'induction complète (6) :

$$\neg\ sj =_1 o \qquad (4)$$

$$sj =_1 sk \rightarrow j =_1 k \qquad (5)$$

$$\{ x_2(o) \wedge \prod_{\xi} [x_2(\xi) \rightarrow x_2(s\,\xi)] \} \rightarrow \prod_{\xi} x_2(\xi) \qquad (6)$$

(j et k sont des individus de type 1, ξ la variable correspondante [2] — seule catégorie de variables dans ce type —, x_2 une variable propositionnelle de type 2). Tous les individus de type 1 sont obtenus par itération du signe s devant o, $s\xi$ exprime donc qu'il faut itérer une fois de plus s devant l'individu substitué à ξ. — Dans les types supérieurs on introduit une espèce particulière de variables — et d'individus correspondants — les fonctions mathématiques, qui résultent d'une dissociation des prédicats où intervient l'indi-

---

(1) La définition générale du terme « celui qui » s'effectue au moyen de deux propositions :

$$\sum_{x} \mathfrak{A}(x) \quad \text{et} \quad \prod_{x,y} [\mathfrak{A}(x) \wedge \mathfrak{A}(y) \rightarrow x = y]$$

On en tire $\mathfrak{A}(\iota_x \mathfrak{A}(x))$. Dans le cas particulier d'une définition d'individu par les schémas (2) et (3), $\mathfrak{A}(x_n)$ est représenté par $\prod_{x_{n-1}\ldots} [x_n(x_{n-1}) \rightleftarrows \mathfrak{A}]$.

Bernays a montré (Hilbert-Bernays (I), p. 433-457) qu'il était toujours possible d'éliminer le terme ι d'une démonstration : son introduction ne représente pas d'*extension véritable* du formalisme.

(2) ξ est dite la variable *portante* de l'induction dans la formule $x_2(\xi)$ qui peut comporter dans son argument d'autres variables.

vidu $=$; on distingue alors 3 éléments : la fonction proprement dite, l'individu $=$ et une *valeur*, c'est-à-dire une autre fonction ou la variable de type 1. L'argument est constitué soit par une variable propositionnelle, soit par un système fini d'autres fonctions, parmi lesquelles peut apparaître (1) aussi la variable de type 1. Lorsqu'on remplace dans l'argument les variables par des individus, la même substitution s'effectue dans la valeur. Une fonction est donc un moyen de mettre en correspondance des individus. On observe la même répartition en types que pour les variables propositionnelles, la fonction ayant toujours le type immédiatement supérieur au type maximum figurant dans l'argument. En revanche, le type de la valeur (et celui de l'individu $=$, qui est obligatoirement le même) est fixé arbitrairement par la définition de la fonction. On a donc (2) les deux schémas (3) :

$$\xi_n (x_i) =_j \xi_j \qquad \xi_n (\xi_{n-1} \xi_i \ldots) =_j \xi_j \qquad (7)$$

Les définitions s'effectuent suivant le schéma (2) que l'on peut simplifier (compte tenu de la signification de $=$) en y

---

(1) La variable de type 1 est donc de même catégorie que les fonctions mathématiques ; dans les types $\geqq 2$, il y a au moins 2 catégories de variables, les variables propositionnelles (ou prédicats) (représentées par des lettres latines) et les variables fonctions (représentées par des lettres grecques) ; *s*, malgré certaines analogies, n'est pas une fonction mais un signe *sui generis*.

(2) Dans la suite, comme il n'y a pas d'ambiguïté possible, nous omettrons pour l'individu $=_n$ l'indice n qui marque à quel type il appartient.

(3) Exemples : pour le premier la fonction π (a), introduite par HILBERT, où a représente une proposition :

$\pi (a) = o$ si a est vraie (démontrable dans le formalisme).

$\pi (a) = 1$ si a fausse.

Le 2e schéma représente les fonctions ou fonctionnelles qui apparaissent en analyse ; lorsqu'argument et valeur sont de type 1 on a une fonction d'entiers : exemple un nombre réel (défini par son développement décimal : l'argument est le rang, la valeur la décimale correspondante). Les fonctions de variables réelles de l'analyse classique ont un argument de type 2 (à une ou plusieurs variables) et une valeur de type 2. Ce qu'on appelle habituellement des fonctionnelles ont un argument de type > 2 et une valeur de type 2.

supprimant l'équivalence logique. Si $\mathfrak{A}$ qui appartient à la catégorie des fonctions ou des nombres, c'est-à-dire est une expression qui, toutes variables remplacées par des individus et tous calculs effectués, devient un individu fonction ou nombre — ne contient qu'une variable libre ξ_{n-1}, on a :

$$\sum_{\xi_n} \prod_{\xi_{n-1}} [\xi_n (\xi_{n-1}) = \mathfrak{A}] \qquad (2)\ \textit{bis}$$

Pour l'analyse classique on peut se contenter d'appliquer le schéma (2) *bis* lorsque la variable libre dans $\mathfrak{A}$ est de type 1 : le schéma exprime alors que toute relation, si compliquée soit-elle, peut être représentée par une fonction d'entiers et assure l'usage universel de l'axiome d'induction totale.

Tel est pour l'essentiel (1) le système développé dans les *Principia Mathematica*. Il permet d'édifier l'analyse classique et au moins une partie de la théorie des ensembles. Mais les conditions posées par HILBERT ne sont pas remplies. Les schémas (2) et (2) *bis* représentent une infinité d'axiomes qu'aucune loi ne permet d'engendrer (en raison de l'indétermination radicale de l'expression $\mathfrak{A}$) : la pensée intuitive n'est pas maîtresse de la construction métamathématique du système (il ne faut pas qu'y intervienne la considération de toutes les expressions ou de l'ensemble des fonctions : notions confuses que le formalisme a pour mission d'éliminer). En particulier, une démonstration de non contradiction est évidemment hors de portée. D'où deux solutions essayées tour à tour : diviser la difficulté en ne

(1) On a laissé de côté, comme inutiles pour l'étude ici entreprise, l'axiome de l'infini et la théorie des types ramifiés (avec l'axiome correspondant de réductibilité). Le formalisme de HILBERT n'a pas besoin d'un axiome spécial de l'infini. Quant à l'inutilité de la théorie des types ramifiés dans le développement même du système russellien, cf. RAMSEY (I) et CARNAP (II), p. 98. L'axiome schéma (2) est plus faible que le véritable axiome russellien de réductibilité.

considérant d'abord que des formalismes partiels où l'on peut donner à l'axiome schéma (2) des substituts plus accessibles ; resserrer le tissu du formalisme tout entier en le dotant à la fois de moyens plus puissants de démonstration et de règles plus précises (donc plus faciles à dominer par la pensée finie) pour l'introduction de nouveaux êtres.

L'augmentation de puissance est procurée par l'intervention de la fonction ε : elle est définie, dans le cas d'une variable, par l'axiome schéma :

$$\mathfrak{A}\ (j_n) \rightarrow \mathfrak{A}\ (\varepsilon_{x_n}\ \mathfrak{A}\ (x_n)) \tag{8}$$

($\mathfrak{A}$ est une proposition complexe quelconque, j_n la place pour un individu de type n, x_n une variable de type n). Il y a donc autant de fonctions ε que de catégories de variables : le type et la catégorie de la valeur (1) de ε (c'est-à-dire du couple $\varepsilon_{x_n}\ \mathfrak{A}\ (x_n)$) sont évidemment ceux de l'individu j_n. Le schéma (8) remplace à la fois les schémas (1) et (2) (ou (2) *bis*). Le rôle de la fonction ε est, en effet, triple : 1° elle établit la liaison entre variables et individus : les signes Π et Σ peuvent disparaître (on les réintroduit cependant, pour la commodité, au moyen de définitions explicites (2)) ;

---

(1) ε_{x_n} est une fonction d'argument $\mathfrak{A}(x_n)$ dont la valeur peut être aussi. bien une variable propositionnelle qu'une fonction ou la variable numérique Pratiquement, seul le second cas intervient dans le système de HILBERT. — Les règles de substitution doivent tenir compte du caractère fonctionnel des variables ou individus substitués : $\varepsilon_{x_n}\ \mathfrak{A}(x_n)$ est une fonction de type n donc, possède à son tour un argument de type n-1. Sur les erreurs commises à ce sujet, cf. von NEUMANN (II), p. 41. — L'indice x_n dans ε_{x_n} indique qu'ε *lie* seulement la variable x_n (si d'autres variables libres figurent dans $\mathfrak{A}$). Il peut y avoir plusieurs ε superposés, v. plus bas.

(2) On écrit — toujours dans le cas d'une seule variable (les formules pour le cas général s'en déduisent aisément) —

$$\prod_{x_n} \mathfrak{A}(x_n) \rightleftarrows \mathfrak{A}(\varepsilon_{x_n} \neg\, \mathfrak{A}(x_n)) \tag{9}$$

$$\sum_{x_n} \mathfrak{A}(x_n) \rightleftarrows \mathfrak{A}(\varepsilon_{x_n}\, \mathfrak{A}(x_n)) \tag{10}$$

2° lorsqu'un prédicat n'est vrai que d'un individu, elle désigne celui-ci ; elle évite donc l'artifice du terme russellien « celui qui » et permet de transformer immédiatement toutes les définitions d'individus en définitions explicites ; — 3° elle détermine le *choix* d'un individu particulier lorsque le prédicat convient à une collectivité. — C'est donc un moyen universel de passage entre propositions à variables et propositions individualisées ; le passage a même lieu cette fois dans les 2 sens, sans que, du reste, la définition du couple variable-individu soit lésée : ce n'est que pour l'individu $\varepsilon_{x_n} \neg \mathfrak{A}(x_n)$ qu'il y a réversibilité de substitution avec la variable. On voit le gain de puissance : les procédés applicables seulement aux individus pouvant être maintenant

---

On vérifie sans peine que les relations entre Π et Σ, le schéma (1) sont satisfaits.

Pour le schéma (2 *bis*) — que nous considérerons au lieu de (2) puisqu'il sert seul dans le développement donné par HILBERT, mais la démonstration serait identique, sinon d'écriture plus compliquée — il suffit de substituer dans (8) au signe $\mathfrak{A}$ l'expression :

$$\prod_{\xi_{n-1}} [\xi_n(\xi_{n-1}) = \mathfrak{A}]$$

on a :

$$\prod_{\xi_{n-1}} [j_n(\xi_{n-1}) = \mathfrak{A}] \rightarrow \prod_{\xi_{n-1}} [\varepsilon_{\xi_n} (\prod_{\xi_{n-1}} [\xi_n(\xi_{n-1}) = \mathfrak{A}]) = \mathfrak{A}]$$

où j_n représente une place vide pour un individu, fonction de type n). Si l'on remplace dans le terme de gauche j_n par O, on a :

$$\prod_{\xi_{n-1}} [\mathfrak{A} = \mathfrak{A}] \rightarrow \prod_{\xi_{n-1}} [\varepsilon_{\xi_n} (\prod_{\xi_{n-1}} [\xi_n(\xi_{n-1}) = \mathfrak{A}]) = \mathfrak{A}]$$

Le premier terme est une identité facile à démontrer dans le formalisme ; le terme de droite est donc également une identité ; elle s'écrit, d'après la définition du signe Σ :

$$\sum_{\xi_n} \prod_{\xi_{n-1}} [\xi_n(\xi_{n-1}) = \mathfrak{A}]$$

(cf. von NEUMANN (II), p. 43).

Enfin l'axiome d'induction complète (6) s'écrit maintenant :

$$\varepsilon_{\xi_1} \mathfrak{A}(\xi_1) = sj \rightarrow \neg \mathfrak{A}(j) \qquad (6)\ bis$$

utilisés universellement, même s'il n'y a pas de moyens de définition univoque (rôle du choix) (¹).

Le resserrement corrélatif du formalisme est obtenu d'abord par la définition expresse des types employés ; pour chaque catégorie de variables on a un moyen récurrent d'engendrer les définitions. Ainsi pour les variables-fonctions dont la valeur est du type des nombres entiers, si $\Phi_n\ (\xi_n)$ caractérise le type n, le type $n + 1$ sera défini par

$$\Phi_{n+1}\ (\xi_{n+1}) \rightleftarrows \prod_{\xi_n} [\Phi\ \ (\xi_n) \rightarrow \Phi_1\ (\xi_{n+1}\ (\xi_n))]$$

(Φ_1 caractérisant la variable numérique). On voit alors que

---

(1) Dans (IX) (p. 176) Hilbert fait déjà allusion à cet axiome « transfini » qui lui permet de dominer de façon finie le formalisme de la théorie des nombres. Il l'énonce explicitement pour la 1re fois en 1923 (Hilbert (X), p. 183) : au lieu de la fonction $\varepsilon_x \mathfrak{A}(x)$ apparaît la fonction $\tau_x \mathfrak{A}(x)$, appelée familièrement l'*Aristide* : elle désigne l'individu duquel, avant tout autre individu, serait vrai le prédicat $\mathfrak{A}$ (s'il convenait à un individu). L'axiome (8) a donc la forme (nous laissons de côté l'indice du type) :

$$\mathfrak{A}(\tau_x \mathfrak{A}(x)\ ) \rightarrow \mathfrak{A}(x) \qquad \text{(8) } \textit{bis}$$

« si $\mathfrak{A}(x)$ signifie être corruptible, alors $\tau_x \mathfrak{A}(x)$ désignerait un certain homme d'une telle inébranlable intégrité que si on pouvait prouver sa corruptibilité, tous les hommes seraient alors corruptibles » (*l. c.*, p. 183) :

$$\prod_x \mathfrak{A}(x) \rightleftarrows \mathfrak{A}(\tau_x\ (x)\ )$$

$$\sum_x \mathfrak{A}(x) \rightleftarrows \mathfrak{A}(\tau_x \neg\ \mathfrak{A}(x)\ )$$

Dès le mémoire *Sur l'Infini* (1925) l'application du formalisme à la théorie des ensembles amène Hilbert à faire coïncider cet axiome avec l'axiome de choix ; $\tau_x \mathfrak{A}(x)$ devra alors être remplacé par $\varepsilon_x \mathfrak{A}(x)$: élément distingué de la classe des individus possédant le prédicat $\mathfrak{A}$. Le véritable axiome de choix de la théorie des ensembles n'est d'ailleurs pas atteint pour cela : il faut que l'élément distingué soit coordonné de façon univoque à sa classe. On doit donc ajouter l'axiome :

$$\prod_{x_n} [\mathfrak{A}(x_n) \rightleftarrows \mathfrak{B}(x_n)] \rightarrow [\varepsilon_{x_n} \mathfrak{A}(x_n) = \varepsilon_{x_n} \mathfrak{B}(x_n)] \qquad \text{(8) } \textit{ter}$$

axiome *fort* de choix (Hilbert (XIII), p. 319).

la superposition se poursuit dans le transfini (1), le type ω étant, par exemple, caractérisé par (2) :

$$\Phi_\omega (\xi_\omega) \rightleftarrows \prod_n [\Phi_n (\xi_n) \rightarrow \Phi_1(\xi_\omega (\xi_n))] \qquad (9)$$

Pour atteindre la théorie des ensembles cantorienne il faut, en outre, supposer dans le type I non plus une seule, mais autant d'espèces de variables qu'il y a de classes de nombres ordinaux transfinis, chaque classe étant caractérisée par un mode d'engendrement des individus. A la classe I correspond la récurrence ordinaire (axiomes de PEANO et axiome d'induction complète) ; à la classe II la récurrence transfinie sur des individus que caractérisent les axiomes :

$$\Psi_1 (o) \qquad (10)$$

$$\Psi_1 (a) \rightarrow \Psi_1 (sa) \qquad (11)$$

$$(\xi_1) \{ \Phi_1 (\xi_1) \rightarrow \Psi_1 (a (\xi_1)) \} \rightarrow \Psi_1 [lim\, a (\xi_1)] \qquad (12)$$

(où Ψ_1, est la caractéristique de la variable de type I ; Φ_1, celle de la variable numérique ordinaire ξ_1, a une expression quelconque). Enfin l'axiome d'induction transfinie (3) :

$$\{ a (o) \wedge \prod_{\mathfrak{y}_1, \mathfrak{x}_1} [\mathfrak{y}_1 \prec \mathfrak{x}_1 \rightarrow a (\mathfrak{y}_1)] \} \rightarrow \prod_{\mathfrak{x}_1} a (\mathfrak{x}_1) \qquad (13)$$

(le signe $\prec$ représente la relation d'ordination entre les nombres de la classe II, il doit donc lui même être préalablement défini, de même que dans (12) le signe *lim*). Est-il possible d'aller plus loin et de régler, à l'intérieur de chaque

---

(1) D'une façon générale, toute liaison logique établie entre types déjà définis procure un type supérieur. Comme les liaisons n'appartiennent qu'à un nombre fini d'espèces, il y a moyen de bien ordonner les types. (Pour l'étude de fonctions d'entiers, HILBERT n'a besoin que de la liaison introduite par Π). Il n'y a jamais, bien entendu, qu'une infinité dénombrable de types dans un formalisme déterminé : mais l'engendrement transfini dont HILBERT montre le mécanisme, ne peut s'arrêter arbitrairement, V. ci-après, ch. IV.

(2) HILBERT (XI), p. 184.

(3) Nous prenons des caractères gothiques pour la catégorie de variables correspondant à la classe II.

type, les définitions de fonctions ? HILBERT ne s'est occupé que du type 2 : il n'est pas question de lois puisqu'on resterait dans le dénombrable et qu'il y a déjà $2^{\aleph_0}$ fonctions d'entiers. On peut, toutefois, au moins pour une partie importante d'entre elles, uniformiser leur définition grâce à un approfondissement de la notion de récurrence ; celle-ci, puisqu'elle préside à l'engendrement des individus, il est naturel qu'elle permette de dominer au moins en partie les modes de mise en correspondance entre individus. Au sens classique, on appelle fonction récurrente toute fonction φ obtenue soit directement par la définition

$$\left.\begin{array}{r} \varphi\,(o_1\ a_1 \ldots a_r) = \psi\,(a_1 \ldots a_r) \\ \varphi\,(sn,\ a_1 \ldots a_r) = \chi\,(n,\ a_1 \ldots a_r,\ \varphi\,(n,\ a_1 \ldots a_r)) \end{array}\right] \quad (14)$$

(où ψ et χ sont des fonctions récurrentes déjà introduites, $a_1 \ldots a_r$ des paramètres, n un nombre), soit par substitution, dans une fonction récurrente connue, d'autres fonctions également connues à la place des variables. Comme point de départ [1] on prend (au lieu de ψ et χ) les signes connus o et s. Procédé régulier qui répond exactement aux exigences d'un formalisme [2] (schéma et comme seule opération substitution), mais qui ne permet pas de dépasser le dénombrable. ACKERMANN [3] a donné l'exemple effectif d'une fonction d'entiers, dont la croissance est supérieure à toute fonction récurrente. Mais la définition classique et le schéma (14) n'épuisent pas la notion de récurrence : on peut

---

(1) Par exemple, la définition de l'addition :

$$a + o = a$$
$$a + sn = s\,(a + n).$$

(2) V. ci-après, ch. IV.

(3) ACKERMANN (II), p. 118, c'est la fonction $\varphi\,(a,\,b,\,c)$ égale à $a + b$ pour $c = o$, à $a.b$ pour $c = 1$, à $a^{b^{\cdot^{\cdot^{b}}}}$ (avec $n-2$ exposants égaux à b superposés) pour $c = n$. La démonstration d'ACKERMANN a été depuis simplifiée dans deux articles de R. PÉTER (I), p. 612 et (II), p. 43.

établir d'autres modes réglés de construction progressive au moyen d'opérations connues des valeurs d'une fonction (récurrence adhérente, récurrence encastrée, récurrence croisée) (1). La fonction d'ACKERMANN est définie par une récurrence ordinaire à condition d'utiliser (à la place de χ dans le schéma (14)) une fonction de type 3 (2). D'où l'idée que l'intervention des types supérieurs permet à la fois

---

(1) Classification empruntée à R. PÉTER (I), p. 613. Dans la récurrence adhérente, la valeur $\varphi(n+1)$ ne dépend pas seulement de $\varphi(n)$ mais d'un certain nombre des valeurs précédentes $\varphi(o)$, $\varphi(1)$... $\varphi(n-1)$. Dans la récurrence encastrée, φ est fonction aussi des paramètres ; on a, par exemple, le schéma :

$$\varphi(oa_1 \ldots a_r) = \psi(a_1 \ldots a_r)$$
$$\varphi(n+1, a_1 \ldots a_r) = \chi(n_1 a_1 \ldots a_r, \varphi(n_1 b \ldots b_r)),$$

les b représentant de nouvelles valeurs des paramètres $a_1 \ldots a_r$. Enfin, la récurrence croisée (ou multiple) procède suivant deux ou plusieurs variables *portantes* simultanées, ex. :

$$\psi(a, o) = 2a + 1 \qquad \psi(o, sn) = \psi(1, n)$$
$$\psi(sa, sn) = \psi(\psi(a, sn), n)$$

R. PÉTER a démontré (*loc. cit.*) que les fonctions définies au moyen des 2 premières espèces de récurrence appartenaient au système des fonctions récurrentes ordinaires. On peut même considérer pour celles-ci (schéma (14)) un schéma avec un seul paramètre. Au contraire, la récurrence croisée est irréductible.

(2) Il suffit, par exemple, de considérer la fonction de type 3 : $\tau_x(f(x), b, n)$ égale à n itérations de la fonction f, avec pour valeur initiale b — on la définit par :

$$\tau_x(f(x), b, o) = b \qquad \tau_x(f(x), b, s\,n) = f(\tau_x(f(x), b, n)).$$

La *fonction d'Ackermann* s'écrit alors :

$$\varphi(a, b, o) = a + b \tag{16}$$
$$\varphi(a, b, sn) = \tau_x(\varphi(a.\, x, n), a, b) \tag{17}$$

Avec cependant une exception pour $n = 1$ (c'est-à-dire $s\,o$) :
la 2e équation doit être remplacée par :

$$\varphi(a, b, 2) = \tau_x(\varphi(a, x, 1), 1, b).$$

On obtient un schéma général en faisant intervenir des fonctions récurrentes élémentaires telles que l'une γ soit toujours nulle sauf si son argument $= 1$, auquel cas elle prend aussi la valeur 1 et l'autre k faisant l'inverse. Il suffit alors dans (17) de remplacer a par $\gamma(n) + a\,k(n)$ dans l'argument de τ_x.

de donner un canon à toutes les variétés de récurrences et d'atteindre la majeure partie — sinon la totalité — des procédés de construction de fonctions d'entiers. HILBERT pose le schéma général :

$$\left.\begin{aligned} \rho(\mathfrak{g}, \mathfrak{a}, 0) &= \mathfrak{a} \\ \rho(\mathfrak{g}, \mathfrak{a}, n+1) &= \mathfrak{g}(\rho(\mathfrak{g}, \mathfrak{a}, n), n) \end{aligned}\right] \qquad (15)$$

(où $\mathfrak{a}$ et $\mathfrak{g}$ sont des expressions données de types quelconques — et pouvant comporter des paramètres — ; $\mathfrak{g}$ a deux arguments, le premier de même type que $\mathfrak{a}$, le 2e une variable numérique ; la valeur de $\mathfrak{g}$ a le type de $\mathfrak{a}$). Pour un certain choix de $\mathfrak{g}$ et de $\mathfrak{a}$, il y a engendrement réglé de fonctions par substitutions de fonctions déjà introduites aux places vides des arguments. L'unité obtenue ainsi est, sans doute, peu satisfaisante : $\mathfrak{g}$ et $\mathfrak{a}$ ne sont pas déterminables à l'avance et sont empruntés à des types supérieurs (par hypothèse encore inexplorés). Mais, d'une part, il semble impossible d'exiger davantage, d'autre part elle procure une suffisante domination de la pensée finie sur le formalisme pour que, grâce à elle, HILBERT puisse esquisser une solution au problème du continu, premier « fruit à quoi reconnaître la valeur de sa théorie » (1).

Le parallélisme entre la définition progressive des types et l'engendrement des ordinaux de la classe II est frappant (d'ailleurs marqué par l'utilisation de ces ordinaux comme indices pour les types) : à la substitution d'une variable de type n dans un argument de type $n - 1$ (élévation du type d'une unité) correspond l'adjonction $+ 1$; à la réunion de tous les types d'une suite dénombrable satisfaisant à une même condition, en un type immédiatement supérieur (exemple schéma (9)), correspond le passage à la limite. Mais la coordination biunivoque peut être établie entre les fonctions mêmes, définies au moyen de ces types, et les ordi-

(1) *Loc. cit.*, p. 180.

naux. L'engendrement de ceux-ci, en effet, — si on veut le formaliser — exige une récurrence, à la vérité transfinie. Peut-on la ramener (comme les récurrences croisées où la simultanéité des variables exige aussi un passage par le transfini) au schéma (15), en remplaçant les types supérieurs de la variable numérique (dans $\mathfrak{a}$ et $\mathfrak{g}$) par ceux de la variable correspondant à la classe II ? La récurrence serait encore ordinaire (c'est-à-dire non transfinie) puisque le progrès s'effectuerait uniquement par adjonction d'unité (c'est-à-dire la variable « portante » de la récurrence resterait un nombre n) et d'autre part le parallélisme serait complet avec les définitions de fonction, si l'on met en correspondance les types de même hauteur dans les 2 catégories de variables. HILBERT définit ainsi une application : si l'on fixe une borne supérieure pour la hauteur des types employés (dans les deux processus) on ne pourra définir grâce à (15) (et sa transposition pour les constructions d'ordinaux) qu'une infinité dénombrable de nombres ordinaux et de fonctions d'entiers (on peut donner un schéma — déduit de (15) — universel pour toutes les définitions ainsi possibles et où intervient un paramètre du type immédiatement supérieur [1] : si on ordonne alors d'après leur hauteur les types dont la substitution est effectivement utilisée, on a une suite dénombrable de systèmes de fonctions, eux-mêmes finis et ordonnables d'après le nombre des substitutions utilisées pour chaque fonction). Le procédé de la diagonale permet alors de définir une nouvelle fonction d'entiers, par exemple $\varphi(a_a) + 1$ si $\varphi(a_n)$ est le numérotage

(1) On n'a donc, pour la définition du schéma, à faire intervenir qu'*une* fonction du type supérieur (ou égal) à la borne posée : pour la détermination de cette fonction, aucune règle n'est donnée; qu'elle soit toujours possible est l'affirmation du lemme II, les fonctions de type > 2 intervenant dans un schéma universel pour une borne quelconque ne seront donc dans chaque type qu'en nombre fini (il est possible que la construction du paramètre en exige plusieurs).

obtenu dans l'ensemble dénombrable précédent, de type immédiatement supérieur et que l'on coordonnera au premier nombre ordinal suivant l'ensemble symétrique des nombres ordinaux (c'est l'élément initial de l'ensemble des ordinaux pour la définition desquels des types supérieurs à la borne posée soient nécessaires). L'application est biunivoque : l'ensemble des fonctions récurrentes (au sens large) a même puissance que la classe II.

La démonstration est exemple de la manière à la fois dont la théorie cantorienne des ensembles peut être intégrée au formalisme et dont la méthode métamathématique situe et résout les problèmes. Mais elle n'est pas complète; dans sa forme : « esquisse qu'il faudrait remanier pour la soumettre aux exigences de la pensée finie » (1). Pour le fond; elle s'appuie sur deux affirmations jusqu'ici non prouvées : d'une part, qu'il n'y a pas plus de fonctions d'entiers que de fonctions récurrentes (au sens large) — ou du moins que le dépassement est sans importance pour la puissance de l'ensemble total ; d'autre part, que la récurrence transfinie est entièrement éliminable. — Plus précisément « si une fonction d'entiers a été construite au moyen d'une récurrence transfinie ou grâce à des types introduits par une telle récurrence... on peut toujours la définir par la récurrence ordinaire, en utilisant exclusivement des types de même origine... » (*lemme* II). D'autre part (*lemme* I) « si par l'utilisation de fonctions définies au moyen du symbole ε on a pu donner une réfutation formalisée du théorème du continu, ces fonctions peuvent toujours être remplacées dans la démonstration par des fonctions définissables sans ε, simplement par récurrence finie ou transfinie de sorte que le transfini n'apparaisse que par les signes Σ et Π ». Il est toujours possible de faire dépendre les valeurs d'une fonction d'entiers de la solution d'un problème encore ouvert : dans la

(1) *Ibid.*, p. 190.

formalisation de la définition de la fonction il faut faire intervenir le symbole ε qui désigne un nombre qu'aucun calcul effectif ne peut procurer (Π et Σ seraient insuffisants puisqu'il faut fixer un individu déterminé). De telles fonctions ne sont évidemment pas récurrentes (au sens large) puisque le propre de la récurrence est de permettre le calcul effectif de la valeur pour chaque argument. Le lemme I n'est qu'une partie [1] — un affaiblissement — d'un « lemme général de la métamathématique : la résolubilité de tout problème mathématique bien déterminé » ; il suffit de situer la question dans son lieu propre — une axiomatique assez puissante — acte de foi en la puissance sans limite des instaurations de formalismes. Toute fonction d'entiers précise est, par essence, calculable : l'axiome d'ε n'appartient donc pas à son lieu, le problème du continu doit pouvoir être résolu sans *choix*. — Quant au lemme II, il exprime davantage encore : que l'infini des fonctions d'entiers et celui de la classe II sont assez petits pour être dominés par la récurrence ordinaire (ce qui n'est évidemment pas vrai pour l'infini des fonctions de variables réelles, par exemple) ; non seulement le mode de démonstration employé l'exige, mais la possibilité même d'une coordination formalisée entre nombres réels et ordinaux de la classe II.

Si aucune possibilité de démonstration n'est apparue pour les deux lemmes, du moins ont-ils provoqué les recherches — déjà citées — sur les définitions de fonction par récurrence et sur l'exploration de la classe II au moyen de la récurrence ordinaire [2]. L'esquisse tout entière — outre sa beauté

---

(1) Le lemme I restreint s'occupe seulement de la réfutation possible : si elle était faite, elle ne pourrait consister que dans la mise en évidence d'un système de fonctions d'entiers non coordonnables aux ordinaux de la classe II (puisque de toutes façons $l^{\aleph_1} \geqq \aleph_0$; si le système est déterminé (peut servir dans une démonstration précise), alors on doit se passer d'ε dans sa définition.

(2) Travaux non publiés de P. Bernays et J. von Neumann : ils ont

propre — a l'intérêt d'une première confrontation précise entre théorie cantorienne des ensembles et puissance d'un formalisme rigoureux. Mais ici se produit un phénomène inattendu : la frontière entre mathématique et métamathématique en devient plus floue (alors qu'elle avait été tracée justement à cause de la théorie des ensembles). D'une part, la démonstration même esquissée par HILBERT est métamathématique, alors qu'il s'agit d'un problème mathématique (1) ; on pourrait sans doute y séparer le moment de *situation* du problème (par exemple lemme I) et le moment proprement mathématique (établissement de la correspondance) formalisable dans une théorie plus vaste. Mais, d'autre part, l'édification finie de cette théorie — mise en rapports avec la théorie inférieure — devient un nouveau problème : il suffit de songer à la définition irréductiblement transfinie de la fonction coordonnante (2) (entre nombres réels et ordinaux de classe II) et des types correspondants. C'est une difficulté dont les essais de traitement des problèmes spécifiques de la théorie de la démonstration — non contradiction, saturation, résolubilité (c'est-à-dire établissement d'une méthode de décision) — devaient faire apparaître le caractère fondamental.

---

réussi à définir par récurrence de schéma (14) et types correspondants appliqués à la variable $\mathfrak{x}$ le nombre cantorien ε_0 (premier nombre transfini α tel que $\omega^\alpha = \alpha$) et le premier *nombre critique* ε — cité par BERNAYS (VI), p. 208.

(1) Remarqué déjà par O. BECKER (I).

(2) Fonction de la forme $\zeta(\mathfrak{x}, n)$ où $\mathfrak{x}$ parcourt tous les nombres de la classe II et où n est entier.

CHAPITRE IV

Les démonstrations de non contradiction

La non contradiction d'une théorie assez riche ne peut être rendue apparente sans artifice. La démonstrabilité d'une proposition n'est pas, en effet, — comme le caractère « pourvu de sens » — une propriété structurelle : les règles de déduction et de substitution suppriment les traces du processus générateur ; elle échappe même à toute *décision* finie : si le système comporte une infinité dénombrable d'axiomes, il n'y a pas de borne supérieure pour la longueur des dessins démonstrations. Il faut donc recourir à une caractérisation indirecte : condition nécessaire mais non suffisante de démonstrabilité, et telle que la négation d'un certain axiome n'y satisfasse pas. On sait que cette négation peut être choisie arbitrairement, si le formalisme contient le calcul des propositions : ajoutée au système, elle y rend tout démontrable. Pour les systèmes formels de l'analyse classique et de la théorie des nombres, on a essayé tour à tour la *valuation*, la *désintégration* et l'*effectuation* (1).

La méthode de valuation avait déjà été indiquée par HILBERT, en 1904 (2) : il s'agit de trouver une règle pour répartir

(1) BERNAYS (III), p. 342, distingue 3 méthodes : valuation, désintégration et élimination. Sur la 3e n'ont été encore publiées que de brèves indications ; nous remplaçons son étude par celle de la méthode qui découle du théorème d'HERBRAND.

(2) HILBERT (VII), p. 247.

toutes les propositions de la théorie en 2 classes telles que, à la 1re, appartiennent :

1° tous les axiomes ;

2° toutes les propositions déduites au moyen des règles d'une proposition qui en fait partie ;

3° parmi les propositions de forme ¬ 𝔄, seulement celles pour qui 𝔄 est de la 2e classe.

On voit que toutes les propositions démontrables appartiennent à la première classe, et qu'une négation d'axiome (en général, une proposition et sa négation) n'y peut apparaître. Hilbert effectuait la séparation pour un formalisme rudimentaire (début de la théorie des nombres, avec la seule addition d'individus numériques) grâce à l'homogénéité des formules, c'est-à-dire la présence du même nombre de signes des deux côtés de =. Comme le seul axiome où parût la négation était aussi le seul à n'être pas homogène, les trois conditions étaient satisfaites. Ackermann (1), puis von Neumann (2) ont essayé de reprendre l'idée pour le système total de l'analyse : mais l'exigence d'une valuation complète est alors exorbitante. Elle suppose le choix effectué pour toute proposition 𝔄 entre irréfutabilité (c'est-à-dire indémontrabilité de ¬ 𝔄 : 𝔄 appartient à la 1re classe) et indémontrabilité (𝔄 appartient à la 2e classe). L'exigence est moins forte que celle de la *décision* (si la proposition 𝔄 est ou non démontrable) : en effet toutes les propositions irréfutables (contenu de la 1re classe) ne sont pas forcément démontrables ; mais comme le note von Neumann : « son rapport avec tous les problèmes mathématiques possibles rend bien invraisemblable qu'on y puisse satisfaire » (3). Sauf cepen-

---

(1) Ackermann (I).

(2) Von Neumann (II). Le procédé avait été déjà repris par J. König à qui von Neumann en attribue la paternité : « La 1re idée de démontrer la non contradiction des mathématiques par une valuation vient de J. König (I)... La notion de valuation partielle repose sur des idées de Hilbert. » Von Neumann (II), p. 22.

(3) *Ibid.*, p. 22 n.

dant pour le domaine que formalisait HILBERT en 1904 : il suffit de placer dans la 1re classe toutes les équations numériques intuitivement vraies (la décision est toujours possible, il suffit de compter) et leurs combinaisons (au moyen des constantes logiques) auxquelles le calcul des propositions donne la même valeur logique : la théorie des fonctions de vérité montre que les trois conditions sont satisfaites. C'est en référence avec cette valuation intuitive que l'on essaiera de définir les autres : on voit le progrès sur le mémoire de 1904 : son point d'aboutissement devient point de départ.

Von NEUMANN remplace l'impossible valuation générale par une valuation partielle : une règle qui, pour tout système fini d'axiomes, procure une répartition satisfaisant aux trois conditions. On voit que la 1re seule caractérise la valuation par rapport aux axiomes choisis. L'exigence suffit : si $0 \neq 0$, ou $\mathfrak{A} \wedge \neg \mathfrak{A}$ étaient démontrables dans la théorie totale ce ne pourrait être (comme dans toute démonstration) qu'au moyen d'un nombre fini d'axiomes et, par rapport à eux, la valuation serait impossible. La règle de valuation partielle ici est déterminée par un procédé de *réduction* partielle : pour tout système fini d'axiomes on a un moyen de coordonner à toute proposition une proposition numérique, sa réduite, la valuation intuitive de celle-ci entraîne la valuation partielle des propositions primitives. Von NEUMANN ne mène à bien sa démonstration que pour un formalisme réduit au type 1 (avec la fonction ε pour ce type, donc la possibilité de définir les individus de type 2). L'essentiel pour la valuation est la satisfaction de la condition 1° : pour les axiomes ordinaires de l'arithmétique (axiomes de PEANO) il n'y a pas de difficulté (au moins dans le type 1) (1). C'est

(1) L'axiome d'induction complète est restreint alors, à son usage *élémentaire* : impossibilité de coordonner à $\varkappa_2(\xi)$ dans (6) des propositions où interviennent des variables liées (il faudrait, pour cela, soit l'axiome de réductibilité, soit la fonction ε de type $\geqq 3$).

sur l'axiome schéma du calcul des prédicats — pris sous la forme (8) — que doit porter tout l'effort de la démonstration. En effet :

$$\mathfrak{A}(j) \rightarrow \mathfrak{A}(\varepsilon_x \mathfrak{A}(x)) \qquad (8)\ bis$$

représente une infinité d'axiomes qu'on obtient en remplaçant respectivement $\mathfrak{A}$ et j par des expressions de complication arbitraire (où interviennent déjà des ε, avec aussi comme abréviation des Π et Σ enchevêtrés les uns dans les autres autant qu'on voudra). La règle de réduction sera alors partielle : à tout système d'un nombre fini p d'actualisations du schéma, elle permet de coordonner p propositions numériques intuitivement vraies. On procède par induction. Il suffit de considérer l'édification progressive dans la théorie des formes $\mathfrak{A}$ et j : elle se produit par insertion de formules déjà construites dans des matrices des relations de subordination établies entre les places vides par des quantificateurs Π, Σ et par ε disposés suivant un certain schéma ; pour un nombre fini de ces signes (c'est le cas dans un système fini d'axiomes), il n'y aura donc qu'un nombre fini de semblables schémas (toutes les combinaisons possibles de subordination et d'enjambement) : en insérant dans leurs places vides et pour j des formules déjà réduites on pourra choisir pour $\varepsilon_x \mathfrak{A}(x)$ un nombre qui rende l'axiome numériquement vrai. On voit que le processus exige une double induction complète : il faudra, pour chaque matrice de $\mathfrak{A}$ examiner toutes les répartitions possibles de formules réduites entre ses places vides et, chaque fois, insérer à la place de la variable tous les j possibles déjà réduits. Comme les matrices $\mathfrak{A}$ sont classées — et progressivement réduites — d'après le nombre de signes qui y interviennent, on voit que, d'une part, les j substituables étant de classe forcément inférieure seront toujours préalablement réduits et que, d'autre part, les deux inductions sont chacune finie. On est donc sûr d'arriver au but. Le moment essentiel de la réduction consiste à donner son sens concret au schéma (8) *bis* : j toutes réductions effectuées, étant un nombre, on prendra ε_x égal au plus petit j pour lequel $\mathfrak{A}(j)$ soit intuitivement vrai (si $\mathfrak{A}(j)$ est faux pour toutes les substitutions, on pose $\varepsilon_x = \infty$ avec la convention $\mathfrak{A}(\infty)$ intuitivement faux). C'est une suite de tâtonnements dont la considération de la structure des propositions garantit qu'elle trouve un terme.

Ackermann avait essayé un procédé analogue pour le schéma général, mais, comme le montre von Neumann, ses raisonnements ne tenaient pas compte des complications produites par la présence de types multiples (à cause des variables subordonnées). Les règles de substitution dans le cas de type supérieur, par exemple dans le cas d'une fonction $f(x)$ où intervient la variable libre x ne permettent pas l'extension du procédé des tâtonnements successifs. Von Neumann espérait cependant y atteindre grâce à l'analogie de forme entre le schéma (8) *bis* et le schéma général (8). Ne s'agit-il pas, dans les deux cas, de trouver un exemple pour ε ? Seulement, dans le 1er cas, on était certain d'y arriver, la construction progressive des individus $\mathfrak{A}$, de type 2, assurant chaque fois une borne supérieure au nombre d'individus de type 1 substituables ; dans le 2e, au contraire, il faudrait avoir recours à un artifice, l'apparition de variables de type 2 rendant impossible toute mise en ordre dans l'édification des individus de types plus élevés ; quant à une borne supérieure pour le nombre d'individus substituables, il n'en saurait être question : il y a déjà $2^{\aleph_0}$ individus de type 2. Le formalisme dont les démonstrations Ackermann et von Neumann établissent la non contradiction ne permet de reconstituer que la partie de l'analyse sans définitions non prédicatives, à peu près « ce qui correspond à la mathématique semi-intuitionniste des critiques de la théorie des ensembles... mathématique de Weyl dans le *Continu* » (1).

(1) *Ibid.*, p. 46.

Pour un formalisme sensiblement plus restreint, celui de la théorie des nombres avec, comme seule fonction, la fonction du suivant et des variables liées introduites par l'axiome logique ordinaire (sans ε), HERBRAND (1) et PRESBURGER (2) ont donné une méthode qui prouve, non seulement, la non contradiction, mais aussi la saturation, et même permet de décider si une proposition est ou non démontrable. C'est encore une réduction mais portant, cette fois, directement sur toute proposition de la théorie (le détour de la valuation est inutile) : une proposition est constituée par la superposition d'un certain nombre de quantificateurs $\prod_x, \sum_y \ldots$, leur domaine étant des équations de forme $x = y + t$ (t étant un nombre ; il n'y a jamais que 2 variables, puisque l'addition n'est pas introduite comme fonction), liées par les constantes logiques. On élimine progressivement les quantificateurs en partant de l'intérieur : comme toute proposition peut être mise sous une forme canonique où n'apparaissent que des signes Σ et $\vee$ comme constante logique, la réduction reviendra à *satisfaire* intuitivement les relations qu'ils expriment : sous le signe Σ situé le plus à l'intérieur, on remplace la variable qu'il lie par sa valeur calculée dans une des équations du domaine (que l'on supprime). En procédant ainsi de proche en proche, on arrive, avec l'élimination du dernier signe Σ, à une disjonction d'équations numériques (si toutes les variables sont liées, ce qu'on peut toujours supposer d'après la règle de généralisation). L'arithmétique intuitive décide alors immédiatement de la vérité ou de la fausseté de la proposition. Des considérations simples de combinatoire montrent que le procédé de réduction est univoque, d'autre part l'adjonction de l'axiome

$$x = o \vee \sum_y \quad x = y + 1$$

(1) HERBRAND (II), ch. IV.
(2) PRESBURGER (I).

(ayant pour conséquence l'axiome élémentaire d'induction complète) permet de démontrer que toute proposition est équivalente à sa réduite. La vérité intuitive de celle-ci entraîne la démonstrabilité de celle-là. La théorie est à la fois saturée et résoluble. PRESBURGER a étendu l'application de la méthode à une arithmétique un peu plus large, comprenant, cette fois, les axiomes définissant l'addition (1). Le formalisme est moins simple puisque dans les propositions élémentaires apparaissent des congruences numériques

$$a \equiv b \pmod{k}.$$

(k étant un nombre particulier). Le principe est le même : on élimine les variables liées en satisfaisant successivement aux équations.

Mais les relations générales où intervient un produit entre variables ne peuvent être représentées dans ce formalisme, il faut ajouter les axiomes définissant la multiplication : pour ce nouveau système la méthode est inutilisable. Suivant la remarque de BERNAYS (2), en effet, elle exige que l'on domine les relations formellement exprimées. Si la réduction livre un procédé de décision, c'est qu'elle exige effectivement la résolution de tous les problèmes : or, les problèmes insolubles commencent, en arithmétique, avec la multiplication comme fonction. La proposition (théorème de FERMAT) :

$$\prod_{xyz} (x \neq 0 \wedge y \neq 0 \rightarrow x^k + y^k \neq z^k)$$

(où k doit être un nombre, puisque l'exponentiation n'est pas ici une fonction) ne peut être réduite si $k > 2$. D'où les limites d'intérêt de la méthode : c'est bien, suivant le mot de BERNAYS, une désintégration, elle ne fait que détruire, de proche en proche, le processus de formalisation, en rétablissant les rapports intuitifs initiaux, le gain est nul.

---

(1) Cf. le résumé de sa méthode *in* HILBERT-BERNAYS (I), p. 359-368.

(2) *Ibid.*, p. 371.

* * *

De réflexions critiques sur un théorème de LŒWENHEIM, HERBRAND a tiré un procédé entièrement nouveau pour démontrer la non contradiction de formalismes bornés au type 1 (sans axiome ε). Le théorème de LŒWENHEIM [1] est énoncé dans le calcul relatif de SCHRÖDER, système seulement à demi formalisé. Le couple variable individu est défini par le rapport intuitif ensemble élément. Une proposition à variable est une proposition valable pour tout individu du domaine base ou champ (DENKBEREICH) ; les quantificateurs représentent les conjonctions ou les disjonctions de propositions individualisées étendues à la totalité du champ (la règle de généralisation et l'axiome (I) sont évidemment satisfaits) : la vérité d'une proposition dépend donc de celui-ci, qui sera défini si on connaît à la fois ses individus et les valeurs logiques attribuées à toutes les individualisations qu'il détermine des prédicats élémentaires. Reconnaître la validité de la proposition n'est plus ensuite qu'un problème de calcul des propositions. On voit que le nombre des individus dans le champ joue un rôle : la proposition [2] :

$$\prod_x \sum_{yz} (A\,x\,y \wedge A\,y\,z \wedge A\,z\,x) \wedge \neg \sum_x A x\,x$$

ne peut être vraie que dans un champ comportant au moins trois individus. Quant à :

$$\prod_x \sum_y A\,x\,y \wedge \prod_{x,y,z} [A\,x\,y \wedge A\,y\,z \rightarrow A\,x\,z] \wedge \neg \sum_x A x\,x$$

---

(1) LŒWENHEIM (I).

(2) Nous représentons les prédicats élémentaires par des majuscules latines et quand il n'y a pas ambiguïté, nous omettons les parenthèses pour les variables sur lesquelles portent les prédicats.

(définition de l'ordre), elle exige une infinité dénombrable d'individus. LOEWENHEIM montre que, contrairement aux apparences, il n'est pas nécessaire d'aller plus loin : toute proposition non contradictoire peut être satisfaite dans un champ dénombrable. La difficulté vient de la superposition des quantificateurs : une conjonction infinie de disjonctions infinies est impossible à dominer. LOEWENHEIM y pare en interprétant la succession $\prod_x \sum_y$ comme une relation fonctionnelle : à tout x correspond un y. On remplace y par une *fonction d'indice* $f(x)$ à définir et on fait passer le Σ à gauche : $\sum_{f(x)} \prod_x$; en répétant l'opération pour chaque variable restreinte il est donc possible de mettre une proposition sous la forme canonique :

$$\sum_{f(x,y\ldots t),\, g(x,y,\ldots t)\ldots h(x,y,\ldots t)} \quad \prod_{x,\,y\ldots t} \mathfrak{A}(x, y, \ldots t, f(x, y, \ldots t) \ldots h(x, y \ldots t))$$

Il semble que l'on n'ait rien gagné : la disjonction est en effet étendue, même pour une seule variable restreinte à un infini supérieur à celui de la conjonction (infini des fonctions d'entiers si le domaine base est celui des entiers). Mais il suffit pour rendre vraie la proposition de prouver la vérité d'un seul des termes de la disjonction : il suffira donc de définir une seule fonction $f(x, y, \ldots t)$, une seule $g(x, y, \ldots t)$, etc.... Comme le domaine base est arbitraire tout revient à donner un procédé régulier qui, d'une part, pour chaque valeur des arguments définisse les individus-valeurs des fonctions d'indice, d'autre part attribue aux prédicats ainsi individualisés des valeurs logiques telles que la proposition soit vraie. C'est une construction progressive du domaine qui constituera la démonstration. LOEWENHEIM prouve qu'elle peut toujours s'effectuer : au premier stade on substitue à toutes les k variables générales le même individu 0, les n fonctions d'indices ont alors n valeurs, 1, 2, ... n par ex. ; on fixe les valeurs logiques de façon que la proposition soit vraie. Au second stade on considère les $(n + 1)^k - 1$ répartitions des $n + 1$ individus posés précédemment entre les k variables générales (la répartition 0 ... 0 ayant déjà été vue) : les fonctions d'indices donnent alors $((n + 1)^k - 1)\, n$ nouveaux individus ; on fixe les valeurs logiques des prédicats individualisés de façon que la conjonction de $n + 1$ termes (on y adjoint le terme du premier stade) soit vraie et ainsi de suite [1]. Il y a en général plusieurs solutions (modes de répartition de valeurs logiques entre les prédicats individualisés) à chaque stade ; chaque solution d'un certain stade est par définition le prolongement d'une solution du stade immédiatement précédent (puisque la conjonction considérée dans l'une contient comme conjonction partielle celle considérée dans l'autre). Comme les solutions à chaque stade ne sont pourtant qu'en nombre fini ($< 2^m$, m étant le nombre des prédicats élémentaires figurant dans la proposition), si l'on peut poursuivre indéfiniment on voit qu'il y aura finalement une seule solution (persistant à tous les stades). Enfin on peut poursuivre indéfiniment ; supposons en effet qu'on soit arrêté au stade n ; soit N le nombre des individus engendrés à ce stade : comme la conjonction obtenue serait fausse quelle que soit la répartition des valeurs logiques, en y remplaçant chaque individu par une variable :

$$\neg\, (\mathfrak{A}\, x_0\, x_0 \ldots x_0\, x_1 \ldots x_n \wedge \mathfrak{A}\, x_1\, x_0 \ldots x_0\, x_{n+1} \ldots x_{2n} \wedge \ldots$$
$$\wedge\, \mathfrak{A}\, x_{i_1} \ldots x_{i_k}\, x_{N-n+1} \ldots x_N)$$

serait une identité logique, donc aussi :

$$\prod_{x_0 x_1 \ldots x_N} \neg\, (\mathfrak{A}\, x_0\, x_0 \ldots x_0\, x_1 \ldots x_n \wedge \mathfrak{A}\, x_1\, x_0 \ldots x_0\, x_{n+1} \ldots x_{2n} \wedge \ldots$$
$$\wedge\, \mathfrak{A}\, x_{i_1} \ldots x_{i_k}\, x_{N-n+1} \ldots x_N)$$

---

(1) On a au 1er stade : $\mathfrak{A}\ 00..\ 0, 1, 2 \ldots n$; au 2e :
$\mathfrak{A}\ 10..0, n + 1 \ldots 2n \wedge \mathfrak{A}\ 010..0, 2n + 1 .. 3n \wedge \ldots$

or, on démontre [1] que :

$$\prod_{x_0 x_1 \ldots x_N} \neg (\mathfrak{A}\, x_0\, x_0 \ldots x_0\, x_1 \ldots x_n \wedge \ldots \wedge \mathfrak{A}\, x_{i_1} \ldots x_{i_k}\, x_{N-n+1} \ldots x_N)$$

$$\rightarrow \sum_{y_1 \ldots y_k} \prod_{z_1 \ldots z_n} \neg \mathfrak{A}\, y_1 \ldots y_k\, z_1 \ldots z_n$$

La proposition initiale serait donc contradictoire contrairement à l'hypothèse.

Le raisonnement perd toute signification dans le cas d'un formalisme véritable. Mais les opérations successives de satisfaction dans un champ sont rigoureusement finies : on peut les considérer comme un traitement formel applicable à toute proposition non contradictoire. D'où l'idée d'HERBRAND d'en faire un critère de non contradiction en démontrant la réciproque — évidente pour le système intuitif de LŒWENHEIM — : si une proposition est contradictoire, elle ne peut être « satisfaite dans un champ » ; ou : toute identité logique possède la propriété formelle : sa négation est impossible à satisfaire dans un champ. La preuve ne peut être faite que par induction complète sur la démonstration de la proposition : d'où la nécessité de transformer le traitement de satisfaction qui ne s'applique qu'aux propositions sous forme *prénexe* (quantificateurs groupés en tête). On le définit ainsi : la proposition étant supposée écrite de façon qu'il n'y ait pas de négation portant sur un quantificateur (ce qui on l'a vu n'exige pas l'application d'une règle mais

(1) Par induction complète :

$$\prod_{y_1 \ldots y_k} \sum_{z_1 \ldots z_n} \mathfrak{A} y_1 \ldots y_k\, z_1 \ldots z_n \rightarrow \sum_{x_0 x_1 \ldots x_n} \mathfrak{A} x_0 \ldots x_0\, x_1 \ldots x_n \quad \text{(évident)}$$

et :

$$\prod_{y_1 \ldots y_n} \sum_{z_1 \ldots z_n} \mathfrak{A} y_1 \ldots y_k z_1 \ldots z_n \wedge \sum_{x_0 \ldots x_{s+n}} (\mathfrak{A} x_0 \ldots x_0 x_1 \ldots x_n \wedge \mathfrak{A} x_0 x_1 \ldots x_0 x_{n+1} \ldots x_{2n}$$
$$\wedge \ldots \wedge \mathfrak{A} x_{i_1} \ldots x_{i_k} x_s \ldots x_{s+n}) \rightarrow$$
$$\rightarrow \sum_{x_0 \ldots x_{s+2n}} (\mathfrak{A} x_0 \ldots x_0\, x_1 \ldots x_n \wedge \ldots \wedge \mathfrak{A} x_{i_1} \ldots x_{i_k}\, x_s \ldots x_{s+n} \wedge \mathfrak{A} x_{j_1} \ldots x_{j_k}\, x_{s+n+1} \ldots x_{s+2n}).$$

Cf. GÖDEL (I), p. 353-355.

est simple convention d'écriture) on remplace toutes les variables générales par des fonctions d'indices des variables restreintes dans l'étendue desquelles elles se trouvent — ou par un individu choisi une fois pour toutes s'il n'y a pas de telles variables restreintes —, les variables libres par des individus fixes. Chaque étape de l'opération correspond à une répartition des individus construits entre toutes les variables restreintes ; les fonctions d'indices ou fonctions mathématiques dont les arguments sont ainsi individualisés, sont remplacées chacune par un nouvel individu (différent pour chaque fonction et chaque argument). Enfin dans la proposition initiale — d'où les Π ont disparu — on substitue à chaque proposition partielle commençant par un Σ une disjonction toutes les individualisations de la proposition partielle (il y a par rapport au procédé Lœwenheim échange des Π et des Σ, des disjonctions et des conjonctions puisqu'il s'agit de la satisfaction de la négation de la proposition). S'il y a plusieurs Σ consécutifs (c.-à-d. tels que les derniers soient dans l'étendue des premiers) on superposera autant de disjonctions que de Σ : on obtient donc à chaque étape une proposition individualisée, sans quantificateur, *la réduite*. Lorsque la proposition initiale est une identité logique on doit arriver au bout d'un nombre fini d'étapes à une identité du calcul des propositions. En effet : 1° l'axiome (1) possède cette propriété : les règles précédentes le transforment en :

$$\mathfrak{A}\, i \rightarrow \mathfrak{A}\, i$$

i étant un individu quelconque. 2° La règle de généralisation la conserve : étant donné l'identité de traitement entre variables générales non dominées et variables libres, la chose est immédiate lorsqu'il y a généralisation dans une proposition ne comportant pas de Σ. Dans le cas contraire suivant l'étendue plus ou moins grande choisie pour le nouveau Π, la variable qu'il lie se trouvera ou non subordonnée à des variables restreintes. Il n'est pas évident que le traitement donne alors le même résultat. Tout revient à prouver que si :

$$\sum_x \mathfrak{A} x \vee \mathfrak{B}$$

($\mathfrak{A}$ et $\mathfrak{B}$ comportant un nombre quelconque d'autres variables), soumis au traitement procure une identité du calcul des propositions, il en est de même pour :

$$\sum_x (\mathfrak{A} x \vee \mathfrak{B})$$

et réciproquement. Sous la première forme les variables générales figurant dans $\mathfrak{B}$ sont remplacées par des fonctions d'indices $f(u, v, \ldots t), \ldots \varphi(u, v, \ldots t)$ indépendantes de x ; sous la deuxième forme, x apparaît dans leur argument.

a) Si la deuxième forme de la proposition donne une identité, la proposition individualisée est vraie quelles que soient les valeurs logiques attribuées aux prédicats où figurent les individus donnés par $f(u, v, \ldots t, x), \ldots \varphi(u, v, t\, x)$, donc elle le reste si on donne la même valeur logique aux prédicats lorsque $f, \ldots \varphi$ ne diffèrent dans leur argument que par l'individu substitué à x ; on retrouve alors la disjonction correspondant à la première forme de la proposition initiale : elle est donc aussi une identité.

b) Si la deuxième forme, à l'étape n, ne donne pas une identité : il y a un système de valeurs logiques rendant fausse la réduite correspondante. On peut prendre pour la réduite de la 1re forme à la $n^{ième}$ étape les mêmes individus (elle en comportait moins puisque certaines de ses fonctions d'indices ont une variable de moins dans leur argument) : si la nouvelle réduite n'est pas une identité, la première non plus en vertu de :

$$Ai_1 \vee Ai_2 \vee \ldots \vee Ai_n \rightarrow Ai_1 \vee Ai_2 \vee \ldots \vee Ai_{n'} \qquad n' > n$$

Tout revient donc à comparer dans les réduites deux propositions partielles :

(1) $Ai_1 \vee Ai_2 \vee \ldots \vee Ai_N \vee Bi_l$ 1re forme

(2) $Ai_1 \vee Bi_1 \vee Ai_2 \vee Bi_2 \vee \ldots \vee Ai_N \vee Bi_N$ 2e forme

Le système de valeurs logiques donnant à la réduite totale sous la deuxième forme la valeur Faux peut donner à (2) : soit la valeur Vrai, alors c'est : ou un des Ai_j qui a cette valeur logique (1) et on fait

$$f(i_{j_1}, i_{j_2}, \ldots i_{j_n}) = f(i_{j_1} \ldots i_{j_n}, i_1)$$

ou un des Bi_j, soit Bi_k

et on fait :

$$f(i_{j_1}, i_{j_2} \ldots i_{j_n}) = f(i_{j_1}, i_{j_2} \ldots i_{j_n}\, i_k);$$

soit la valeur Faux on fait

$$f(i_{j_1} \ldots i_{j_n}) = f(i_{j_1}, \ldots i_{j_n}, i_1)$$

(puisque tous les Bi_k sont faux).

L'utilisation des autres règles (substitution, séparation) conserve évidemment la propriété : règles du calcul des propositions, leur application aux réduites ne peut changer la valeur logique du résultat. Si on les applique aux propositions avant la réduction elles ne peuvent entraîner que des allongements de disjonction avec accroissement de l'argument de fonction d'indice. On se retrouve exactement dans la situation envisagée plus haut. En effet quelle que soit la valeur logique attribuée à la réduite plus longue il est toujours possible d'obtenir la même pour la réduite plus courte. L'allongement n'a d'efficacité que dans la mesure où, grâce aux fonctions d'indice, une variable restreinte et une variable générale se trouvent représentées dans le même prédicat (situé à deux places différentes) par le même individu : mais ceci n'est possible justement que dans les cas de subordination authentique, et non de subordination fictive comme celle qu'entraînent ces règles. — Tel est le sens véritable du traitement défini par HERBRAND : essayer grâce aux

(1) j représente un indice quelconque entre 1 et N.

fonctions d'indices toutes les identifications possibles entre variables restreintes et variables générales de façon à découvrir sous les changements de symbole que l'application des règles du calcul des prédicats a provoqués, le caractère identique de la proposition. Toute identité de la forme

$$\sum_x \prod_y \mathfrak{A}\, x\, y$$

devient en effet une identité

$$\prod_{xy} \mathfrak{A}\, x\, y$$

l'artifice des fonctions d'indices n'a pour but que de la rétablir.

L'application aux problèmes de la non contradiction d'une théorie est immédiate : si la conjonction de ces axiomes peut être satisfaite par le processus précédent, la théorie n'est pas contradictoire. Pour les axiomes de la théorie des nombres : axiome de PEANO, tous les schémas (sans variable de type 2) de définition par récurrence, on voit que leur conjonction avec l'axiome du calcul des prédicats est satisfaisable. Les fonctions mathématiques sont — comme les fonctions d'indices — remplacées par un individu particulier pour chaque valeur particulière de leur argument. Si l'on considère sx comme une fonction, on voit que le processus de satisfaction ne laisse plus subsister que le prédicat $=$ entre des individus dans l'énoncé des axiomes : les individus engendrés par s coïncident avec le système des entiers ; si l'on convient que $i = j$ n'a la valeur Vrai que si i et j sont identiques, la conjonction des axiomes est satisfaite dans le champ et l'on retrouve l'arithmétique ordinaire ; en particulier la détermination des valeurs des fonctions mathématiques pour un argument donné s'effectue par les calculs ordinaires. Les axiomes d'une définition récurrente ne peuvent jamais introduire de contradiction puisqu'ils ne comportent chaque fois qu'une égalité entre deux fonctions dont l'une (à gauche) est représentable par un individu arbitraire : il suffit de prendre le même que celui que fournit la fonction de droite déjà définie. Le processus de satisfaction coïncide donc exactement avec les démarches de l'arithmétique naïve.

Reste l'axiome d'induction complète. Mais il y figure une variable de type 2 et la satisfaction n'a été définie que pour des propositions avec variables (ou individus) de types 1, et individus de type 2 : la fixation du cours de valeurs logiques d'un individu de type 2 pour toutes les individualisations possibles de ses variables de type 1 étant l'épreuve de la non contradiction de sa définition formelle. On conçoit l'extension du procédé au type supérieur : mais il faudrait pouvoir passer en revue tous les individus de type 2 substituables à la variable dans la théorie envisagée. Or, la situation n'est pas la même : dans le type 1 d'une part il n'y a pour une théorie donnée qu'un nombre fini de moyen d'engendrer des individus (signes présents dans les axiomes effectivement formulés) ; d'autre part, pour chaque individu, définition formelle et construction coïncident (l'individu n'est que 1 ou de forme *s* ... *s*1). Au contraire un individu de type 2 est une expression formelle où figure la variable libre de type 1 : si elle est correcte comme structure (pourvue de sens), son énoncé même distingue l'individu (il est sa définition) mais ne le détermine pas ; il faut en outre, pour toute individualisation de sa variable, un moyen de décider sa vérité ou sa fausseté si c'est une proposition, de calculer sa valeur si c'est une fonction mathématique. Or, la satisfaction dans un champ suppose que, pour une individualisation des variables, il ne reste plus qu'un problème du calcul des propositions à résoudre (répartition des valeurs logiques entre les prédicats, ici de type 3) pour attribuer la valeur Vrai à la proposition examinée : à chaque type considéré elle exige donc que tous les problèmes des types précédents soient résolus dans le formalisme. Ainsi dans l'arithmétique définie plus haut — avec même un nombre fini de fonctions mathématiques — il faudrait, pour envisager la satisfaction de l'axiome d'induction complète, supposer *décidées* toutes les propositions où figurent ces fonctions (toute proposition complexe étant une architecture avec pour éléments des égalités entre deux fonctions ou entre une fonction et la variable, ou un individu, de type 1). Dès qu'intervient la multiplication il est donc impossible de satisfaire l'axiome.

La restriction est cependant moindre que dans le cas de la méthode des réduites. On peut admettre dans le formalisme autant de définitions récurrentes de fonctions qu'on voudra (sans variables de type 2) à condition de n'ajouter à ces axiomes que l'axiome d'induction complète élémentaire, ou l'axiome général où ne figure que l'addition. Dans le premier cas le prédicat Φx est évidemment décidable pour toute individualisation de la variable puisqu'il ne comporte qu'une architecture avec les seules constantes $\wedge$, $\vee$, $\neg$ (sans quantificateur), à partir d'équations entre fonctions récurrentes déjà définies (ou entre de telles fonctions et la variable de type 1). Avec intervention des quantificateurs (2e cas) on a vu qu'une décision est toujours possible. HERBRAND démontre que dans les deux cas l'axiome est une conséquence de définitions récurrentes de fonctions. Dans le premier cas il suffit d'introduire pour tout prédicat décidable Φx la fonction $\mu_\Phi x$ telle que si i est le plus petit individu pour lequel Φx est faux on ait :

$$\mu_\Phi x = o \quad \text{pour} \quad x < i \quad \text{et} \quad \mu_\Phi x = i \quad \text{pour} \quad x \geqq i.$$

C'est une fonction récurrente ; les axiomes la définissant sont satisfaits quelle que soit la valeur logique attribuée à Φx à condition de remplacer partout Φx par $\Phi \mu_\Phi x$: le champ de leur satisfaction se trouve ainsi caractérisé. Il est impossible d'y satisfaire la négation de l'axiome élémentaire d'induction :

$$\sum_y \prod_x [\Phi o \wedge (\neg \Phi x \vee \Phi s x) \wedge \neg \Phi y].$$

On voit en effet que, si on remplace x et y par $\mu_\Phi x$ et $\mu_\Phi y$, quel que soit le choix de l'individu fixe j pour y, on se heurte à une impossibilité : si $j < i$ on a :

$$\Phi o \wedge (\neg \Phi \mu_\Phi x \vee \Phi \mu_\Phi s x) \wedge \neg \Phi o$$

si $j > i$, lorsque, dans la construction de la conjonction de satisfaction, on arrive à $sx = i$, on a :

$$\Phi o \wedge (\neg \Phi o \vee \Phi i) \wedge \neg \Phi i$$

En vertu du théorème d'HERBRAND, l'implication :

$$\mathfrak{A} \rightarrow \prod_y \sum_x [\neg \Phi o \vee (\Phi x \wedge \neg \Phi s x) \vee \Phi y]$$

(où $\mathfrak{A}$ représente les axiomes définissant $\mu_\Phi x$) est donc une identité logique, l'axiome d'induction totale élémentaire est conséquence des définitions par récurrence (1). On a vu plus haut la méthode pour décider de toute proposition où

---

(1) On peut donner une démonstration formelle. Les axiomes définissant μx s'énoncent (nous écrivons, pour alléger, $\mu\, x$ au lieu de $\mu_\Phi x$) :

$$\mu\, o = o$$

$$[\Phi\, o \wedge \neg\, \Phi\, sx \wedge \mu\, x = o] \rightarrow \mu\, sx = sx$$

$$\neg\, [\Phi\, o \wedge \neg\, \Phi\, sx \wedge \mu\, x = o] \rightarrow \mu\, sx = \mu\, x$$

$$\mu\, x = sy \rightarrow \mu\, sy = sy \wedge \mu\, y = o$$

On en tire sans peine :

$$\mu\, sx = o \rightarrow \mu\, x = o$$

$$\prod_x \mu\, sx = o \rightarrow \prod_x [\Phi\, o \rightarrow \Phi s x]$$

$$\sum_x \neg\, \mu\, sx = o \rightarrow \sum_z [\mu\, ssz = \mu\, ssz \wedge \mu\, sz = o]$$

$$\rightarrow \sum_z [\Phi o \rightarrow \Phi s z \wedge \neg\, \Phi s s z]$$

En faisant la conjonction des deux identités :

$$\Phi o \rightarrow [\prod_x \Phi x \vee \sum_z \Phi s z \wedge \neg\, \Phi s s z]$$

ou

$$[\Phi o \wedge \prod_z (\Phi s z \rightarrow s s z)] \rightarrow \prod_x \Phi x$$

n'apparaît que l'addition comme fonction mathématique : lorsque Φx est ainsi constitué, l'axiome général est alors déduisible à partir de l'axiome élémentaire. Ainsi se manifeste que l'axiome d'induction totale n'accroît le formalisme que dans la mesure où la proposition sur laquelle il porte est impossible à y décider : mais alors la méthode des champs est aussi impuissante à démontrer sa non contradiction.

* * *

Il est assez remarquable que toutes ces démonstrations de non contradiction, quoique portant sur des formalismes d'ampleurs différentes, échouent également devant l'axiome général d'induction complète. Là pourtant, dit HILBERT, « se trouve la véritable source du concept de variable mathématique » (1), l'irréductible intervention de l'infini : la métamathématique n'est efficace que si elle l'atteint. Mais alors s'impose une comparaison — qu'écartait la distinction trop tranchée de science et métascience — entre la puissance des moyens mis en œuvre dans la théorie fondée et par la théorie qui fonde. L'induction complète élémentaire joue le rôle essentiel pour von NEUMANN et pour HERBRAND : chez l'un il y a double induction, sur le nombre des symboles Σ, Π, ε dont les subordinations mutuelles donnent un système fini de matrices, et sur les substitutions dans chaque matrice des formules déjà réduites, chez l'autre il y aussi bien induction pour la construction progressive des champs que pour celle des propositions dont la négation est impossible à satisfaire. En quoi ces démarches se distinguent-elles des démarches licites dans les formalismes qu'elles fondent ? HILBERT s'était contenté d'une délimitation extrinsèque de la zone intuitive : les raisonnements arithmétiques qu'il y autorisait étaient simplement

(1) HILBERT (XIII), p. 321.

signalés au passage dans l'indivisible mouvement de la pensée concrète, sans que soit envisagé pour celle-ci un essai de codification de procédés par essence imprévisibles. Mais les exemples précédents montrent que leur utilisation se trouve déterminée par la matière à laquelle ils s'appliquent. D'où l'essai à la fois de préciser ce rapport et, pour atteindre le formalisme complet au moins de la théorie des nombres, d'enrichir la notion de raisonnement en termes finis, borné jusque-là à des considérations de combinatoire. A la première question répond le théorème de GÖDEL [1] — avec le critère négatif qu'il fournit —, à la deuxième la dernière démonstration de non contradiction tentée par GENTZEN.

L'idée d'une systématisation — au besoin d'une formalisation — de démarches de la métascience se trouve déjà, par exemple, dans les travaux de l'école polonaise [2] qui superpose langue et métalangues — en échelle indéfinie — chaque degré contenant la syntaxe (c'est-à-dire axiomes et règles d'enchaînement) du degré immédiatement inférieur. Mais on va de systèmes moins riches à systèmes plus riches, les subsumant : de leur considération ne peut résulter aucune solution pour le problème du fondement tel que le pose HILBERT. L'originalité de GÖDEL est d'avoir effectué l'opération inverse, en essayant de déterminer ce qui, des procédés de la métalangue, peut être formalisé dans la langue. L'entreprise procure ainsi une analyse de la notion brute de raisonnement intuitif. En prenant comme langue l'arithmétique ordinaire, on peut coordonner de façon biunivoque aux nombres entiers tout le matériel symbolique, grâce à l'unicité de décomposition d'un nombre en ses facteurs premiers : les signes logiques (constantes, variables) sont repré-

---

(1) GÖDEL (II), p. 173.

(2) LUKASIEWICZ et surtout TARSKI qui a fait un historique et un exposé systématique de ses travaux (indépendants de ceux de GÖDEL et en partie antérieurs), *in* TARSKI (IV). Cf. aussi CARNAP (IV).

sentés par des nombres (leurs *numéros*) ; les formules ou suites de signes et les raisonnements ou suites de formules, par le produit des *n* premiers facteurs premiers affectés comme exposants des nombres (numéros) correspondant aux signes — ou formules — de la suite. La coordination est évidemment biunivoque (1). Dès lors les concepts et les relations de la métascience deviennent des concepts et des relations arithmétiques, ils portent sur les numéros des formules. Il est possible d'en codifier la définition grâce au schéma de la récurrence ordinaire (2) : on voit que les fonctions de vérité du calcul des propositions ($\rightarrow$ $\vee$, $\wedge$, $\neg$) se transforment immédiatement en fonctions récurrentes si l'on remplace les propositions par des nombres. Pour les principales propriétés ou relations métamathématiques, Gödel donne l'exemple effectif de leur traduction arithmétique : pour un signe, figurer dans une formule sera « être l'exposant du $n^{ième}$ terme dans le produit de facteurs premiers représentant la formule » ; aux axiomes correspondent des numéros calculables, être un axiome sera donc la fonc-

(1) Gödel coordonne aux signes :

$$\neg,\ \vee,\ \Pi,\ (,\ \ ),\ s \text{ et } O$$

respectivement les *numéros* :

$$5,\ 7,\ 9,\ 11,\ 13,\ 3 \text{ et } 1$$

Toute variable de type *n* est représentée par un nombre premier > 13 élevé à la puissance *n*. La formule

$$\Pi_{x_1} x_2 (x_1) \qquad \text{qu'il écrit } x_1 \Pi (x_2)$$

aura donc pour numéro, déterminé de façon univoque, le produit :

$$2^{17} . 3^{9} . 5^{11} . 7^{19^2} . 11^{13}.$$

(2) On appellera fonction récurrente toute fonction obtenue soit par substitution dans une fonction récurrente déjà définie d'autres fonctions aussi définies — soit grâce au schéma suivant :

$$f(0) = \varphi \qquad f(n+1) = \psi(n, f(n))$$

φ et ψ étant des fonctions récurrentes déjà introduites. Les fonctions récurrentes forment donc une suite bien ordonnée, la 1re étant l'addition (définie grâce à la fonction du suivant). Une relation récurrente est une équation entre fonctions récurrentes.

tion de disjonction entre eux ; de même pour la proposition a, être « conséquence immédiate » d'une proposition b (par application des règles d'implication ou de généralisation) sera relation récurrente entre le nombre de a et celui de b ; être un « dessin démonstration » est pour un nombre la propriété de se décomposer en facteurs premiers dont chacun a pour exposant le nombre correspondant à un axiome ou à une proposition conséquence immédiate d'une proposition dont le nombre est exposant d'un des facteurs précédents. « Etre enfin une démonstration x pour une proposition y » (en abrégé xDy) est, entre deux nombres, la relation que dans le développement du premier, x — qui possède déjà la propriété « être un dessin démonstration » — le dernier facteur a pour exposant le second y. Toutes ces relations sont rigoureusement récurrentes — au sens précisé plus haut — d'où la double conséquence : qu'elles appartiennent bien à la métamathématique finie, puisqu'étant donné le ou les nombres sur lesquels elles portent, on peut constater par un calcul fini si elles sont ou non vérifiées par eux, d'autre part qu'elles peuvent être formalisées dans un système exprimant l'arithmétique. Pour le système des *Principia mathematica* — dont le matériel symbolique est supposé préalablement numérisé par les procédés indiqués plus haut — GÖDEL précise la 2e conséquence en démontrant le *théorème I* : à toute relation récurrente R $(x_1, x_2 \ldots x_n)$ de l'arithmétique ordinaire entre les nombres $x_1, x_2 \ldots x_n$, correspond dans le système formel un *numéro* (de signe) r tel que, si on remplace dans son développement en facteurs premiers les exposants représentant les variables par les *numéros* des nombres [1] $x_1, x_2 \ldots x_n$ la vérité — ou la fausseté — arithmétique de $R(x_1, x_2 \ldots x_n)$ entraîne pour r ainsi transformé — ou pour sa négation — l'existence d'une démonstration formelle

(1) Les nombres ordinaires sont exprimés dans un système comme celui des *Principia* par une formule : par exemple 4 s'écrit *ssss* o. Dans le système numérisé, 4 aura donc pour *numéro* $2^3 . 3^3 . 5^3 . 7^3 . 11^1$.

dans le système. C'est évidemment la conséquence du fait que les axiomes du système considéré permettent de décider pour toute relation arithmétique récurrente entre n nombres si elle est vraie ou non [1]. On peut l'écrire en abrégé sous forme de la double implication *intuitive* [2] (il ne s'agit de rien de formel puisque nous mettons en rapport une expression d'arithmétique ordinaire avec une expression appartenant à un système formel) :

(1) $R(x_1 \ldots x_n) \supset$ Démonstrabil. $r\,(Nx_1 \ldots Nx_n)$

(2) $\sim R(x_1 \ldots x_n) \supset$ Démonstrabil. de Nég. $r\,(Nx_1 \ldots Nx_n)$

La propriété *Démonstrabil.*, étant une propriété du numéro r (transformé par la substitution), est une des relations de la métalangue définies plus haut comme relation arithmétique récurrente, donc à son tour exprimable dans la langue.

Ceci posé, considérons la relation « x n'est pas une démonstration pour la proposition y à une variable lorsqu'on fait celle-ci égale au numéro [3] du nombre y » ; en abrégé :

(3) $\sim x\, Dy\, (Ny)$

C'est comme on l'a vu une simple relation arithmétique

(1) Gödel (II), p. 186 n. La démonstration exacte « ne présente pas de difficulté de principe, ajoute-t-il, mais est assez compliquée » — il se contente de l'esquisser dans son mémoire en procédant par induction complète pour des relations récurrentes de la forme $x_1 = \varphi\,(x_1 \ldots x_n)$ (φ étant une fonction récurrente).

(2) Pour éviter toute confusion nous employons des signes spéciaux (qui sont de simples abréviations) : $\supset$ pour *implique*, $\sim$ pour la négation, (x), pour exprimer : *pour tout* x. Enfin à droite de l'implication (I), où il s'agit de notions de la métalangue, Nx signifie le numéro du nombre x et $r\,(Nx_1 \ldots Nx_n)$: le numéro qu'on obtient pour r lorsqu'on a substitué aux numéros des variables les numéros Nx_1, Nx_2, ... Nx_n.

(3) y est dans le formalisme considéré un numéro : celui-ci comme nombre entier est représenté à son tour dans le formalisme par une formule qui a pour numéro Ny : on voit ici la traduction de la syntaxe (désignation de la formule y) dans la langue. La théorie des types est respectée : y est une variable de type 2 (on la représentera par un nombre premier à la puissance 2) mais Ny est un individu de type 1 qui peut donc figurer dans y comme argument.

récurrente entre les nombres x et y. Elle entraîne, d'après le théorème précédent, pour elle (ou sa négation) la démonstrabilité dans le système d'une proposition (en signes du système) $r\,(Nx,\ Ny)$ (ou de sa négation). Soit p le numéro de la généralisation de r par rapport à la première variable ; si nous substituons p à y, le théorème I nous donne les deux implications intuitives :

$$\sim x\,D\,p(Np) \supset \text{Démonstrabil. de } r\,(Nx,\ Np) \qquad (4)$$

$$x\,D\,p(Np) \supset \text{Démonstrabil. de Neg } r\,(Nx,\ Np) \qquad (5)$$

S'il existait une démonstration x pour la généralisation de $r(Np)$ par rapport à la première variable, c'est-à-dire $p(Np)$, on aurait en même temps dans le système en vertu de (5) une démonstration de la négation de $r(Np)$ pour la valeur Nx de la 1re variable : le système serait contradictoire. La non contradiction du système entraîne l'impossibilité d'y démontrer $p(Np)$: la proposition $p(Np)$ a d'ailleurs pour sens — d'après les définitions données — l'affirmation de sa propre indémonstrabilité (il n'y a pas de démonstration pour la proposition numéro p, lorsqu'on y fait la variable égale au numéro de cette proposition) : elle est intuitivement vraie (1). Les raisonnements précédents n'ont fait qu'enchaîner des relations récurrentes : ils sont à leur tour formalisables dans la théorie. On peut écrire — si l'on représente la non contradiction de la théorie par

$$(x) \sim xD\,(0 \neq 0)$$

(il n'y a pas de démonstration pour $0 \neq 0$) — l'implication, formelle cette fois :

$$(x) \sim x\,D\,(0 \neq 0) \rightarrow (x) \sim x\,Dp\,(Np) \qquad (6)$$

---

(1) On voit d'ailleurs que puisque pour tout x

$$\sim x\,D\,p\,(Np),$$

l'implication (4) donne pour tout x

$$\text{Démonstrabil de } r\,(Nx,\ Np) :$$

aucun exemple ne peut réfuter $p\,(Np)$.

où l'on suppose tous les signes d'abréviation utilisés ici, qui représentent des notions de la syntaxe, remplacés par les signes de la théorie qui les traduisent. Mais alors le second membre devient en vertu de (3) la généralisation de $r\ (Nx, Np)$ par rapport à la 1re variable, c'est-à-dire par définition $p(Np)$: s'il y avait dans la théorie une démonstration formelle de sa non contradiction, l'implication (6) permettrait d'en tirer une démonstration de $p(Np)$, ce qui est impossible.

Le raisonnement précédent s'applique non seulement au système des *Principia*, mais à tout système tel que :

1° la classe des axiomes et des règles soit définissable par récurrence (c'est-à-dire au moyen de relations récurrentes aussitôt que l'on remplace les signes par des nombres) ; 2° toute relation récurrente soit exprimable dans le système (à la façon du théorème I). Tel est le cas de tout formalisme, assez vaste pour contenir l'arithmétique et pourvu d'un nombre fini d'axiomes ou de schémas d'axiomes: en particulier des systèmes de ZERMELO-FRAENKEL et von NEUMANN pour la théorie des ensembles, du système von NEUMANN pour la mathématique classique. — GÖDEL introduit en outre la propriété d'ω-non contradiction pour un système: impossibilité d'y démontrer à la fois une proposition à une variable (du type 2) pour chaque valeur (numérique) de cette variable, et la négation de la généralisation de cette proposition [1]. Comme $r\ (Nn, Np)$ (dont $p(Np)$ est la généralisation) est démontrable pour toute valeur de x, la Nég $p(Np)$ ne doit pas être démontrable si le système est ω-non contradictoire : $p(Np)$ est donc impossible à décider dans le système. Un système d'axiomes satisfaisant aux conditions 1 et 2 et ω-non contradictoire est donc nécessairement

(1) Un système peut donc être non contradictoire et ω-contradictoire : il suffit d'ajouter aux axiomes du système formel considéré *Nég* $p\ (Np)$; le système est ω-contradictoire et il est cependant impossible d'y démontrer $p\ (Np)$ (il est donc non contradictoire).

non saturé ; on peut y prendre en particulier comme proposition impossible à décider, l'affirmation de sa non contradiction.

La raison de ce résultat doit être cherchée dans le fait « que la formation de types de plus en plus élevés se poursuit dans le transfini, tandis qu'il en existe au plus un infinité dénombrable dans chaque système » [1]. La définition d'un système ne peut, en effet, poser qu'une infinité dénombrable de signes (donc de types), et HILBERT a donné pour les fonctions l'exemple d'une construction récurrente transfinie de types [2] : si haute que soit la borne supérieure (nombre ordinal de la classe II), elle pourra toujours être dépassée. Mais c'est une possibilité intuitive : on ne voyait pas la conséquence pour la non saturation parce qu'on imaginait poser seulement ainsi un nouveau système. C'est la théorie des types qui masque sa propre insuffisance : dans une proposition les variables ont toujours un type déterminé, appartenant au système, une proposition portant sur tous les types (ou énonçant qu'une relation est vraie pour des variables de tous les types) — donc de type immédiatement supérieur à ceux-ci — fait partie de la syntaxe et non du système. D'une façon générale, le caractère « impossible à démontrer » n'est pas définissable (n'appartient pas à la syntaxe). Von NEUMANN le remplaçait par l'appréciation psychologique « il est très invraisemblable qu'on puisse jamais démontrer que... ». Il faut, pour sortir du vague, que l'on rencontre une proposition dont la démonstrabilité entraîne contradiction, c'est-à-dire qu'on formalise la syntaxe dans la langue : d'où le choix que fait GÖDEL de la proposition $p(Np)$ pour atteindre la non saturation [3].

---

(1) GÖDEL, *loc. cit.*, p. 191 n.

(2) V. *supra*, chap. III,.

(3) C'est la seule pour laquelle la démonstration réussisse : sans formalisation de syntaxe dans le système, il n'y a pas de démonstration directe de non saturation.

Alors l'artifice de la coordination biunivoque entre formules et nombres (qui sont eux-mêmes des formules) permet de rendre vaines les interdictions de la théorie des types [1] : Np est un nombre, individu de type 1, mais mis en correspondance avec une proposition dans laquelle une variable x (de type 1) voit son système de valeurs appliqué (de façon biunivoque) sur l'ensemble de toutes les démonstrations possibles, elle parcourt donc pratiquement tous les types. Si l'on considère non plus l'écriture, mais le sens intuitif de la proposition où figure Np, elle porte sur toutes les démonstrations, elle est donc du type immédiatement supérieur : on peut, en effet, la décider si l'on adjoint au système des *Principia* le type T_ω [2] ; mais le même phénomène se reproduirait.

On voit par là le décalage essentiel entre formalisme complet et les relations qu'il a charge d'exprimer ; la façade peut être sauvée parce que l'application des règles d'usage introduit des relations implicites qui n'apparaissent pas dans le formalisme : en y intégrant une partie de la syntaxe, GÖDEL a ressuscité le paradoxe du *Menteur* que l'on croyait définitivement éliminé. Il n'y a d'ailleurs paradoxe que relativement à la saturation, c'est-à-dire si l'on exige que le système se suffise à lui-même (ou qu'il y ait une seule langue) : la notion de totalité reparaissant rend vaine la distinction des types (faite à l'intérieur du système) ; on ne peut éviter la question de l'appartenance d'un élément à la classe de toutes les classes du système, question débordant le formalisme (en tant que capable de fournir les réponses) mais posée par lui.

HILBERT [3] avait essayé de « forcer la solution » [4] par

---

(1) C'est bien entendu grâce à cet artifice et au résultat qu'il procure que la syntaxe est formalisable dans la langue.

(2) GÖDEL (II), p. 191 n.

(3) HILBERT (XIV), p. 485.

(4) BERNAYS (III), p. 216.

une nouvelle règle : si une proposition $\mathfrak{A}(x)$ (x étant une variable de type 2) est vraie pour toute valeur numérique n de x, on peut ajouter la généralisation $\prod_x \mathfrak{A}(x)$ aux axiomes. Pour toute proposition de forme $\prod \mathfrak{A}(x)$ l'irréfutabilité (absence de contradiction avec les axiomes) entraîne alors la démonstrabilité : la saturation est bien atteinte, mais de façon factice : si la règle ne peut introduire de contradiction dans un système ω-non contradictoire (1), elle détruit le formalisme en tant que tel (une démonstration n'est plus un dessin, ne s'effectue plus en un nombre fini de démarches). Les intuitionnistes l'admettent sans difficulté — elle exprime pour eux le seul sens du signe $\prod$ — mais dans la mesure où il intègre l'infini à leurs raisonnements (suites libres de choix). Si l'on s'en tient à la *Théorie de la démonstration*, on ne peut « considérer comme définitive cette démarche » (2) ; elle seule pourtant pouvait sauver la saturation.

Pour les démonstrations de non contradiction, en revanche, le mal semblait moins irréparable ; Gödel se défend d'avoir porté atteinte au point de vue de Hilbert : « Qu'il soit expressément noté que le théorème [précédent] (et les

---

(1) En revanche elle est inapplicable dans un système qui serait non contradictoire, mais ω contradictoire comme le système vu plus haut lorsqu'on ajoute aux axiomes $\neg p$ (Np). Hilbert n'a pas vu cette exception (*loc. cit.*) parce qu'il considère non pas la non-contradiction en général, mais les méthodes utilisées jusque-là pour la démontrer, et croit encore à leur succès, c'est-à-dire à la possibilité de trouver un moyen pour « réduire » (c'est-à-dire transformer en démonstration arithmétique sans quantificateurs ni variables) toute démonstration formelle : le moyen donnerait alors le caractère de « vérité arithmétique intuitive » à une démonstration faite avec la nouvelle règle (si elle était représentable). Or c'est justement l'impossibilité d'un tel moyen universel de réduction que prouve le travail de Gödel (s'il existait, tout système non contradictoire serait ω-non contradictoire, puisque $\neg \prod_x \mathfrak{A}(x)$ réduit donnerait $\neg \mathfrak{A}(n)$ (n étant un nombre quelconque), donc ne serait pas proposition démontrable — ou axiome — $\mathfrak{A}(n)$ l'étant pour tout n).

(2) Bernays, *ibid.*

résultats correspondants...) ne sont en aucune façon en contradiction avec le point de vue formaliste de HILBERT. Car celui-ci suppose seulement l'existence d'une démonstration de non contradiction conduite avec des moyens finis et il serait concevable qu'il y ait des démonstrations finies qui ne se laissent pas formaliser dans *P* [le système des *Principia* ou les systèmes analogues satisfaisant aux conditions 1 et 2] » (1). Le théorème ne donne qu'un critère négatif, portant à la vérité contre les méthodes (combinatoires) employées jusque-là. Mais comment élargir la notion de raisonnement fini ? HERBRAND en avait donné la définition la plus précise : « on n'y considère qu'un nombre fini déterminé d'objets et de fonctions ; les définitions de celles-ci permettant de calculer leur valeur d'une manière univoque ; on n'affirme jamais l'existence d'un objet sans donner le moyen de le construire ; on n'y considère jamais l'ensemble de tous les objets *x* d'une collection infinie ; et quand on dit qu'un raisonnement est vrai pour tous les *x*, cela signifie que pour chaque *x* pris en particulier, il est possible de répéter le raisonnement général en question » (2). L'indétermination ne subsiste plus qu'à propos de la construction : on peut la concevoir comme une progression d'étapes chacune finie au sens précisé plus haut. Il n'y a plus moyen d'embrasser du regard toutes les démarches — la conscience cesse d'être coextensive à leur succession, elle est du moins présente en chacune d'elles. On passe de la mathématique intuitive à la mathématique intuitionniste. Aussi bien HILBERT avait-il admis cette parenté entre la métamathématique et l'intuitionnisme dans la réponse qu'il faisait à celui-ci ; et BROUWER avait tenté de la préciser (3). Après le

---

(1) GÖDEL, *loc. cit.*, p. 197.

(2) HERBRAND (IV), p. 3.

(3) L'accord se faisait sur les points suivants : *a*) « distinction entre l'édification formelle des mathématiques et la théorie intuitive des lois de cette

résultat de Gödel il était naturel de chercher de ce côté : simultanément Gödel d'une part (1), Bernays et Gentzen d'autre part (2), réussirent une traduction de l'arithmétique classique dans l'arithmétique intuitionniste (formalisée par Heyting) (3) : si les démarches de celle-ci sont inattaquables, la non contradiction de l'arithmétique classique est par là même prouvée (puisque toute proposition démontrable $\mathfrak{A} \wedge \neg \mathfrak{A}$, par exemple, aurait sa traduction dans le système intuitionniste). Glivenko (4) avait, en effet, déjà montré que toute expression du calcul classique des propositions construite avec les seuls signes $\neg$ et $\wedge$, si elle est valable dans ce calcul est aussi démontrable dans le calcul intuitionniste. Il suffit donc de mettre toute proposition sous cette forme. Ainsi le tiers exclu $\mathfrak{A} \vee \neg \mathfrak{A}$ devient $\neg (\neg \mathfrak{A} \wedge \neg \neg \mathfrak{A})$. Comme on voit, l'interprétation seule diffère, mais il n'y a pas plus de propositions démontrables. En mathématique on admet (5) évidemment le tiers exclu

---

édification — avec reconnaissance que pour cette théorie la mathématique intuitionniste de l'ensemble des entiers est indispensable » ; *b*) « rejet de l'utilisation irréfléchie du tiers exclu... et sa limitation aux systèmes finis » ; *c*) « identification du tiers exclu avec le principe de la résolubilité de tout problème mathématique » ; *d*) « reconnaissance que la justification de la mathématique formelle par la démonstration de non contradiction contient un cercle vicieux parce que cette justification repose sur l'application intuitive du tiers exclu (que de la non contradiction d'une proposition sa validité découle) ». Brouwer (VI). — Les affirmations *c*) et *d*) n'ont pas de sens pour Hilbert : la résolubilité de tout problème mathématique est un principe régulateur de la métamathématique (préside à la constitution de nouveaux systèmes), le tiers exclu principe constitutif de la mathématique formalisée. Quant à la *justification*, elle n'a pas de rapport avec la preuve de *validité* d'un formalisme (propriété qui ne saurait convenir qu'à une proposition *à l'intérieur* d'un formalisme). On a vu les deux sens de la justification chez Hilbert et chez von Neumann. Cf. là-dessus le commentaire de Heyting (IV), p. 54-56.

(1) Gödel (III).

(2) Cf. Bernays, *loc. cit.*, p. 212.

(3) Heyting (I), p. 42-50.

(4) Glivenko (I), p. 183-188.

(5) Heyting (II), p. 57-71.

pour les égalités numériques (qui sont des espèces d'identités) ; lorsque est $\mathfrak{A}$ une telle équation on a donc

$$\neg \neg \mathfrak{A} \rightarrow \mathfrak{A}$$

(on sait qu'en logique intuitionniste seule l'implication $\mathfrak{A} \rightarrow \neg \neg \mathfrak{A}$ vaut). Gödel démontre par récurrence sur la construction de la proposition (c'est-à-dire en appliquant règle de généralisation et règle de passage) que l'implication vaut pour toutes les propositions de l'arithmétique définie par les axiomes de Herbrand. Les moyens de démonstration y sont donc exactement les mêmes, que l'on prenne la logique classique ou la logique intuitionniste : les deux arithmétiques se recouvrent exactement. La raison en est simple : les individus sur lesquels portent les propositions arithmétiques sont toujours calculables effectivement (par un nombre fini de démarches ; ce sont les valeurs de fonctions récurrentes de schéma quelconque mais toujours de type 1 — c'est-à-dire ne faisant pas intervenir la référence à des collections infinies). Dès lors la proscription intuitionniste des affirmations non constructives d'existence n'a pour effet qu'un changement d'écriture : au lieu de $\sum_x \mathfrak{A}(x)$ on mettra $\neg \prod_x \neg \mathfrak{A}(x)$; mais on aura exactement le même nombre d'affirmations, « puisqu'on a le droit d'appliquer le prédicat de l'absurdité aux propositions générales » (1). La séparation entre mathématique intuitionniste et mathématique classique n'apparaît qu'avec l'analyse et les définitions non prédicatives (c'est-à-dire prenant leur départ de systèmes infinis ; le tiers exclu ne joue là encore aucun rôle).

Skolem (2) avait d'ailleurs obtenu un résultat un peu plus étendu grâce à la considération des champs : ni le tiers exclu, ni la fonction ε (pour variables de type 1) ne peuvent appor-

(1) Gödel, *ibid.*
(2) Skolem (IV), p. 30.

ter de contradiction dans un système d'axiomes déjà non contradictoire. Si, par exemple $\prod_x \neg \mathfrak{A}(x)$ mène à une absurdité, en essayant de satisfaire progressivement la proposition dans un champ (où les axiomes de la théorie sont déjà satisfaits) on sera arrêté à un certain ordre, c'est-à-dire que l'on rencontrera un individu i pour lequel $\mathfrak{A}(i)$ est vrai (pour le système des valeurs logiques attachées au champ). Or toutes les démarches pour satisfaire une proposition dans un champ sont soumises aux conditions de l'intuitionnisme (elles sont même finies au sens HERBRAND) : celui-ci atteint donc le résultat $\sum_x \mathfrak{A}(x)$ que procurait le tiers exclu, simple raccourci.

De même pour les axiomes d'ε : dans le cas simple où on n'introduit qu'une seule fonction ε, on voit qu'il est toujours possible de déduire des valeurs logiques attachées au champ I (où est satisfaite la conjonction : $\mathfrak{A}_1 \wedge \mathfrak{A}_2 \wedge \ldots \wedge \mathfrak{A}_n$ des autres axiomes) un système de valeurs (définissant un champ II) telles que

$$\mathfrak{A}_1 \wedge \ldots \wedge \mathfrak{A}_n \wedge [\mathfrak{B}(i) \rightarrow \mathfrak{B}(\varepsilon_x \mathfrak{B}(x)] \qquad (1)$$

(où i est un individu) soit toujours vrai. Si $\mathfrak{B}(x)$ n'est pas toujours vrai dans le champ primitif I (sans quoi il suffirait de conserver celui-ci), on remplace partout i par l'individu j du champ I d'ordre n pour lequel $\mathfrak{B}(j)$ est faux [1] ; on obtient alors une satisfaction de la conjonction (1) dans le champ I d'ordre $2n$ (l'ordre du champ est doublé puisque i était un individu d'ordre 0 et que j est d'ordre n ; on voit que $\mathfrak{B}(i)$ devient $\mathfrak{B}(j)$ donc est faux). Les propositions élémentaires où intervenait i se transforment en propositions portant sur des individus du champ I : il suffit de leur attribuer comme valeurs logiques celles qu'elles reçoivent ainsi transformées, pour satisfaire (1) dans le nouveau champ II. — S'il est inof-

(1) L'ordre du champ où est satisfaite une proposition est le numéro du stade de l'opération progressive de satisfaction (v. ci-dessus p. 133).

fensif l'axiome introduisant ε est d'ailleurs inefficace : il ne permet pas de décider une proposition $\mathfrak{C}$ qui ne pouvait l'être sans lui. En effet, puisque les valeurs logiques du champ II sont déterminées par celles du champ I, à chaque étape de la construction de celui-ci, les deux systèmes de valeurs satisfaisant également les axiomes et dont l'un rend $\mathfrak{C}$ vrai et l'autre faux, déterminent pour II deux autres systèmes produisant le même résultat. La fécondité des ε n'apparaît que lorsqu'ils portent sur le type 2 (ou supérieur), c'est-à-dire quand la construction finie des champs n'est plus possible.

* * *

La possibilité d'une traduction directe dans la mathématique intuitionniste — si elle manifeste l'inefficacité des interdictions de celle-ci (quand on s'en tient au type 1), — ne peut donc procurer une démonstration de non contradiction. D'une part il n'y a pas d'extension possible à l'analyse, d'autre part pour la théorie des nombres (avec axiome général d'induction complète) la garantie de l'évidence intuitionniste paraît insuffisante si l'on s'en tient au point de vue hilbertien avec ses exigences finitistes telles que HERBRAND les formule. La traduction GÖDEL met d'ailleurs en lumière un point faible de la doctrine intuitionniste, qui mêle comme sources de certitude évidence intuitive et raisonnements logiques ; s'il y a un critère absolu il doit être unique, si c'est l'intuition on ne doit pas pouvoir, par exemple, appliquer le signe d'absurdité à des propositions générales.

GENTZEN [1] définit un constructionnisme en des termes assez voisins de ceux dont se servait HERBRAND : on peut dépasser le fini à condition de ne considérer jamais des collectivités « en soi », mais des moyens réglés d'engendrer tou-

---

(1) GENTZEN (II), p. 520.

jours de nouveaux individus dans un système caractérisé (et n'existant que) par ces procédés de construction. Ainsi pour la suite des entiers. C'est le rôle de cet infini potentiel de donner aux procédés métamathématiques à la fois une puissance suffisante et une sécurité plus grande que celle des formalismes examinés. A moindres frais on ne peut agir, et son intervention — telle que la conçoit GENTZEN — a l'avantage de localiser difficultés et doutes en un seul point, lorsqu'elle apparaît sous forme d'une induction transfinie, d'ailleurs rigoureusement limitée à un segment des nombres de la classe II. Il est *à priori* plausible que la méthode puisse réussir puisqu'à chaque étape d'un raisonnement mathématique classique on ne considère jamais qu'un nombre fini d'objets, individus, concepts, résultats de raisonnements antérieurs : GENTZEN en donne une preuve détaillée pour la théorie des nombres complète.

Pour toute démonstration valable dans ce formalisme et mise sous une certaine forme canonique, il établit que : 1° il existe une opération de réduction bien déterminée (quoique comportant dans certains cas nécessairement une infinité de modalités différentes d'actualisation) qui la transforme en une nouvelle démonstration également valable et de forme également canonique ; 2° après un nombre fini de semblables réductions, la conclusion de la démonstration devient une proposition triviale (dans l'arithmétique intuitive sans variable) ; 3° seules les démonstrations valables jouissent des propriétés 1 et 2. La non-contradiction de l'arithmétique classique est donc assurée.

Les opérations de réduction consistent dans une sorte de démantèlement de l'architecture logique des propositions. En arithmétique tous les prédicats numériques sont immédiatement décidables, immédiatement calculables toutes les fonctions après substitution d'entiers déterminés aux variables ; le premier pas consistera donc à remplacer partout les variables libres par des nombres (avec bien entendu exception pour les variables *portantes*, lorsque dans la démonstration figurent une généralisation ou une induction complète). — GENTZEN introduit pour définir sa forme canonique les notions de *séquence* et d'*intersection*. La séquence élargit l'implication : « avec les hypothèses $\mathfrak{A}, \mathfrak{B}, \mathfrak{C}$, on a pu démontrer : $\mathfrak{D}$ »

$$\mathfrak{A}, \mathfrak{B}, \mathfrak{C} \Longrightarrow \mathfrak{D} \text{ (1)}.$$

L'intersection est une généralisation de la déduction suivant le schéma ci-contre :

$$\frac{\mathfrak{A}, \mathfrak{B}, \mathfrak{D} \ldots \Longrightarrow \mathfrak{C} \qquad \mathfrak{G}, \mathfrak{K}, \mathfrak{C} \ldots \Longrightarrow \mathfrak{E}}{\mathfrak{A}, \mathfrak{B}, \mathfrak{D}, \mathfrak{G}, \mathfrak{K} \ldots \Longrightarrow \mathfrak{E}}$$

La formule commune $\mathfrak{C}$ est dite *formule d'intersection*. Le principe de la réduction est d'éliminer les signes logiques en leur donnant leur sens intuitif de façon à obtenir une séquence-conclusion ayant pour formule postérieure, une formule numérique vraie, ou ayant une formule élémentaire fausse postérieure et, parmi les formules antérieures, une élémentaire aussi fausse. Ainsi on remplacera $\prod_x \mathfrak{A}(x)$ par $\mathfrak{A}(i)$ i étant quelconque (2) si $\prod_x \mathfrak{A}(x)$ est à l'arrière, au contraire convenablement choisi de manière que $\mathfrak{A}(i)$ soit faux si $\prod_x \mathfrak{A}(x)$ est à l'avant, de même . . . par . ou par . (arbitrairement ou suivant un choix déterminé suivant qu'on est

---

(1) $\mathfrak{A}, \mathfrak{B}, \mathfrak{C}$ sont les formules *antérieures* (en nombre quelconque), $\mathfrak{D}$ la formule *postérieure* de la séquence. Il est en général possible de transformer une séquence en implication (*théorème de déduction*. Cf. HILBERT-BERNAYS (I' p. 155) ; on change alors les virgules en $\wedge$. Mais il est plus commode d'avoir les virgules : elles sauvegardent aux formules ainsi unies une sorte d'indépendance logique : la réduction peut ne porter que sur l'une d'elles. Dans la forme canonique ne figurent que $\neg$, $\wedge$ et Π.

(2) D'où l'infinie variété des modalités de réduction signalée plus haut : le sens même de la réduction exige que la substitution soit arbitraire, que la propriété 2 soit atteinte quel que soit le choix — sans quoi la propriété 3 serait perdue. De là viennent toutes les difficultés de la démonstration — et la nécessité de faire appel au transfini.

à l'avant ou à l'arrière), ¬ 𝔄 à l'arrière par $0 = 1$, 𝔄 passant à l'avant, ¬ 𝔄 à l'avant par 𝔄 à l'arrière. Dans les cas où il faut choisir — réduction portant sur une formule antérieure, — on peut être obligé de laisser subsister la formule initiale (si le choix n'a pas permis de trouver la valeur i rendant 𝔄 (i) faux par exemple) : de toute façon le choix doit être déterminé par les précédentes opérations de la démonstration. C'est le théorème de GENTZEN que pour toute démonstration l'opération de réduction à accomplir immédiatement est déterminée de façon univoque par sa structure : si la dernière application de règle d'où procède la conclusion est une généralisation, on supprime la séquence-conclusion et on substitue à la variable portante dans la séquence précédente (et partout où elle apparaît antérieurement) un nombre arbitraire. Si c'est une induction complète on remplace la séquence-conclusion $\prod_{x}$ 𝔄 (x) par 𝔄 (i), i étant arbitraire, et, dans la démonstration, le schéma d'induction par une chaîne d'intersections dont la longueur est déterminée par i. Si enfin, c'est une intersection la réduction de la conclusion reproduit la réduction de la ou des formules des prémisses qui y figurent. Il peut se présenter une difficulté : lorsque la réduction (déterminée par les démonstrations d'où sont issues les prémisses) porte sur la formule d'intersection (qui ne paraît plus dans la conclusion). On peut bien s'arranger pour avoir une nouvelle démonstration encore valable mais la conclusion est restée la même : rien ne prouve qu'on ait avancé vers le résultat final.

C'est ici qu'intervient la notion de complication d'une démonstration : GENTZEN l'évalue au moyen d'un nombre décimal, le *degré,* dont caractéristique et mantisse dépendent du nombre des signes logiques figurant dans les séquences initiales et du nombre des règles logiques appliquées au cours de la démonstration. Toute opération de réduction diminue le degré : ainsi, dans le cas précédent, la complication est d'autant moindre que la formule d'intersection comporte moins de signes logiques. Les degrés de complication étant rangés (par ordre de grandeur croissante) en une suite bien ordonnée, on démontre — par induction transfinie — que toute démonstration est réduite au bout d'un nombre fini d'opérations). En effet si toutes les démonstrations, de complication moindre qu'un degré donné, jouissent de la propriété, les démonstrations correspondant à ce degré la possèderont aussi (puisque la première opération de réduction abaissera leur degré). L'intervention du transfini est rendue nécessaire par l'axiome (ici règle) d'induction totale : une induction totale est de complication immédiatement supérieure à celle de toutes les chaînes d'intersections de longueur arbitraire en lesquelles la réduction la transforme. Si le degré de celles-ci est figuré par des entiers — et non plus des nombres décimaux — on voit qu'il faudra pour celles-là utiliser les ω. Toutefois, lorsque l'axiome est élémentaire ou lorsque le nombre des signes de quantité de la formule portante est borné, on peut encore formaliser dans l'arithmétique tous les raisonnements précédents, y compris l'induction finale. Ce n'est que lorsque l'axiome est pris dans toute sa généralité que le transfini est proprement incorporé au raisonnement : on échappe alors bien au critère de GÖDEL et si l'on voulait formaliser dans les mathématiques il faudrait utiliser l'analyse. La suite bien ordonnée des degrés de complication a pour type d'ordre le nombre cantorien ε_0 [1].

La méthode n'exige pas que le formalisme examiné soit clos : on peut laisser indéterminés (comme faisait HERBRAND) les schémas de définition de fonction, ajouter aussi de nouvelles règles de raisonnement ; il suffit que les prédicats introduits soient décidables, les fonctions calculables

(1) Le premier nombre ordinal transfini ε tel que $\omega^{\varepsilon} = \varepsilon$. C'est la limite — le type d'ordre — de la suite

$$\omega,\ \omega^{\omega},\ \omega^{\omega^{\omega}},\ldots\ \omega^{\omega^{\omega^{\cdot^{\cdot^{\cdot}}}}}\ \ldots$$

en termes finis, enfin que pour chaque règle soit donné en même temps un procédé de réduction. Ainsi la propriété non décidable isolée par GÖDEL peut être immédiatement réduite : comme elle est de la forme $\prod_x \mathfrak{A}(x)$, $\mathfrak{A}(i)$ étant démontrable pour tout entier i, la séquence $\Longrightarrow \prod_x \mathfrak{A}(x)$ fait partie des séquences valables de cette théorie des nombres non close. Pour d'autres théories mathématiques où prédicats et fonctions sont décidables ou calculables en termes finis, la méthode s'étend sans modification : ainsi pour la partie constructive de l'analyse. Est-il possible, en considérant dans la classe II (des ordinaux transfinis) un segment assez long, de dominer grâce à la même induction transfinie un fragment plus considérable de l'analyse classique ? la question est pour l'instant sans réponse. Au moins pour la théorie des nombres avec axiome général d'induction complète, le résultat est-il clair : GENTZEN passe soigneusement au crible les notions, les raisonnements métamathématiques employés. Tous appartiennent à la zone finie sauf la démonstration terminale de la finitude du nombre des opérations de réduction. La mise en ordre des degrés de complication répond à la représentation de l'infini potentiel ; il n'est pas nécessaire d'emprunter la notion générale de bon ordre à la théorie des ensembles ; il suffit de considérer la transmission progressive de l'ordre : si tous les degrés, de caractéristique r, sont déjà rangés, on en déduit (1), par des opérations

(1) Les degrés de caractéristique 0 sont pris parmi les nombres 0,1 0,11 0,111... 0,2 ; les degrés de caractéristique $r + 1$ parmi les nombres dont la mantisse est constituée par des mantisses de nombres déjà définis, de caractéristique r, rangées par grandeur décroissante et séparées chaque fois par $r + 1$ zéros. Ainsi pour 1 on a 1,1 1,11 1,1101 1,111 1,11101, etc. L'ordre est ainsi obtenu : à tout nombre α de caractéristique r, correspond un système $S(\alpha)$ de nombres de caractéristique $r + 1$ dont l'ordre se déduit de celui de l'ensemble des nombres de caractéristique r déjà rangés (en effet il s'obtient en ajoutant à la mantisse de α successivement ces nombres). Enfin les $S(\alpha)$ ont entre eux le même ordre (de grandeur) que les α. On voit que le type d'ordre des nombres de caractéristiques 0 est $\omega + 1$, pour 1 : $2^{\omega+1} = \omega.\omega$, puis $2^{\omega.\omega} = \omega^{\omega}$, etc.

chaque fois finies, la mise en ordre des degrés de caractéristique $r + 1$. Quant au moment décisif, la démonstration de la finitude de la réduction, elle est comme on a vu, immédiate une fois les degrés rangés. Ce qui lui permet de réussir est, comme le remarque GENTZEN lui-même, qu'il n'y a pas pour chaque séquence (comme faisait von NEUMANN) détermination directe d'un procédé de réduction, mais démonstration « de la possibilité d'une telle détermination ». Ainsi seulement peut-on dominer les superpositions de choix libres dont, comme on a vu, certains conditionnent la modalité des réductions ultérieures.

Il ne semble pas que d'autres recherches puissent procurer mieux : le critère de GÖDEL interdit qu'on opère à moindres frais : le mérite de la démonstration de GENTZEN est d'avoir fixé exactement jusqu'où il fallait aller. Sans doute la représentation du segment o... ε_0 échappe-t-elle à l'intuition. Du moins « ne peut-on refuser une certaine évidence au procédé qui l'engendre ». Il suffit de considérer les petits nombres transfinis : « le sens finitiste précis de leur succession peut dans... une certaine mesure être embrassé d'un coup d'œil... la difficulté vient de ce que dans le cas général... apparaît une trop grande complication d'infinis superposés pour qu'on en ait une représentation déterminée (1) ». Mais entre les cas initiaux et les autres « rien de nouveau n'est apparu ». Aussi bien les intuitionnistes n'ont-ils pas d'objection à présenter : du moment qu'il ne s'agit que d'un segment déterminé de la classe II (d'où la nécessité de fixer exactement jusqu'où on va) une loi peut le donner ; seule est contradictoire la classe dans sa totalité. Si l'on se refuse même à cette représentation, l'avantage est qu'y soient concentrés tous les doutes sur la validité de la théorie.

(1) GENTZEN (II), p. 559.

Conclusion

Tel est, semble-t-il, jusqu'à ce qu'un résultat nouveau apparaisse, le maximum de clarté que l'on puisse obtenir sur le problème du fondement. La solution de HILBERT avait le mérite singulier d'indiquer elle-même le critère précis dont dépendait sa validité. « Malgré des recherches intensives et maintes idées de démonstration nul n'est parvenu au but » (1) primitivement visé. C'est qu'ici l'actualisation effective transformait considérations sur les mathématiques en constructions mathématiques : « dans le domaine des réflexions métamathématiques le danger des illusions s'est avéré particulièrement grand » (2). Aucune réflexion philosophique n'a effectivement soupçonné (3), ne pouvait, semble-t-il, soupçonner avant GÖDEL l'impossibilité d'étendre des méthodes comme celles d'ACKERMANN et von NEUMANN à la théorie générale des nombres. Au moins pour le formalisme radical tel que le présentait von NEUMANN, le résultat de GÖDEL est décisif : si la mathématique reçoit sa validité objective de sa représentation comme système ou collection de systèmes de signes dépourvus de tout autre sens que ceux que leur confèrent règles de structure et règles de déduction, avec l'impossibilité

---

(1) BERNAYS (VI), p. 210.

(2) *Ibid.*

(3) FRAENKEL, cependant, dès 1928, exprimait des « doutes sérieux sur le succès de la méthode... pour la démonstration de non contradiction de la théorie générale des ensembles ou même seulement de la théorie classique du continu ». FRAENKEL (V), p. 383.

d'une preuve de non contradiction, l'édifice s'écroule ; c'est la notion de démonstration formelle qui donnait son unique signification au système et qui n'est plus précisable (puisqu'on ne peut prouver que tout n'est pas démontrable dans un système formel). Il ne saurait d'ailleurs être ici question d'une extension de la zone finie métamathématique : puisqu'il faut définir les mathématiques, la zone préalable ne doit comporter que des démarches intuitives expérimentales — c'est-à-dire rigoureusement finies — comme celles dont usait von NEUMANN. L'induction transfinie même réduite de GENTZEN n'est en aucune façon expérimentale : elle appartient déjà aux mathématiques.

Ainsi les deux autres solutions au problème du fondement, logicisme et intuitionnisme, semblent avantagées par le résultat même des travaux de l'école de HILBERT. Pour le logicisme, tel qu'il était exposé dans le *Cercle de Vienne* jusque vers 1929 (date à laquelle GÖDEL communiqua sa démonstration) d'une part les symboles formels sont pourvus d'un sens qui justifie leur usage, au lieu d'en découler, d'autre part la notion de tautologie reprise de RUSSELL, et précisée, détermine la validité inconditionnée de la logique, et par suite des mathématiques qui en sont une partie : les démonstrations de non contradiction ne sont que confirmation, non fondement. Tout signe logique est la représentation d'une notion intuitivement claire et « pour tout signe mathématique il y a un ou plusieurs sens purement logiques » (1). Quant aux tautologies, elles représentent les transformations purement combinatoires des propositions : un énoncé tautologique affirme l'équivalence de deux expressions qui — le sens des signes manifesté — s'avèrent identiques à la forme de la combinaison près. Dans le calcul des propositions la théorie des fonctions de

(1) CARNAP (II), p. 143.

vérité donnait, pour WITTGENSTEIN [1], le type même des enchaînements logiques. D'où l'extension du tautologique à tout énoncé qui résulte uniquement des lois logiques, celles-ci étant pourvues comme chez FREGE et RUSSELL d'une évidence immédiate. La théorie de la langue, comme image du monde, vient enfin donner au tautologique son sens négatif [2] : les propositions logiques puisque syntaxiques n'ont pas de contenu (empirique), elles ne nous apprennent rien sur les faits [3].

A cette définition un peu brève de la logique, les travaux de CARNAP sont venus apporter élargissements et complications nécessités par le développement même de la technique formaliste. La relation de consécution cesse d'être univoque : on peut la définir arbitrairement par l'énoncé des règles de *structure* et de *déduction*. Chaque détermination engendre une syntaxe particulière : la logique n'est plus la syntaxe d'une langue, mais le système de toutes les syntaxes possibles. La non saturation de l'arithmétique et des théories qui l'englobent ne les exclut donc pas de la logique : « tout concept mathématique peut être défini dans un système approprié et toute proposition mathématique peut être décidée dans un système approprié. Mais il n'y a pas un système unique qui contienne tous les concepts mathématiques et les démonstrations de toutes les propositions mathématiques valables. La mathématique exige une suite infinie de langues toujours plus riches » [4]. Il peut y avoir d'ailleurs juxtaposition : ainsi CARNAP envi-

---

(1) Nous résumons quelques thèses essentielles de WITTGENSTEIN *in* CAVAILLÈS (I), p. 137-141. On trouvera un exposé français des discussions à l'intérieur du *Cercle de Vienne* et entre lui et les groupes voisins *in* A. LAUTMAN (I).

(2) Pour le 2e et le 3e sens « qui ne correspondent pas à l'usage ordinaire » CARNAP emploie le mot *analytique*. CARNAP (III), p. 39.

(3) WITTGENSTEIN (I) proposition 5.43 : « Toutes les propositions de la logique disent la même chose, c'est-à-dire rien ».

(4) CARNAP (III), p. 165.

sage des relations de consécution infinie (une proposition est conséquence d'une classe infinie d'autres propositions), comme la dernière règle de HILBERT. C'est le *principe de tolérance* de la syntaxe ; on ne doit pas se demander : telle règle ou tels signes sont-ils admissibles ? mais : comment voulons-nous bâtir une langue déterminée ? — Mais cette tolérance ne risque-t-elle pas de détruire les thèses essentielles du logicisme ? D'abord l'évidence logique disparaît, ou du moins est repoussée des fondements (départ axiomatique) à l'enchaînement des procédés par lesquels est tirée de ces fondements la structure d'une syntaxe. Ici — deuxième conséquence — se produit un curieux renversement : ces enchaînements sont d'ordre mathématique. La logique devient une partie des mathématiques. La traduction de GÖDEL — que CARNAP utilise pour définir deux exemples de langues (les langues I et II) — l'imposait. « Il n'y a pas de propositions particulières de la logique de la science. Les propositions de la syntaxe sont, partie, des propositions de l'arithmétique, partie, des propositions de la physique [dans la mesure où la syntaxe est descriptive c'est-à-dire étudie des discours effectivement donnés dans l'espace et le temps] qui ne sont appelées propositions syntaxiques que parce qu'elles sont rapportées à des configurations linguistiques ou à leur structure formelle » [1]. « La syntaxe pure [ou logique] est... une partie de l'arithmétique » [2]. Sur ce point le hilbertisme triomphe : d'une part la formalisation des mathématiques ne peut s'effectuer par traduction dans la logique mais par reconstruction simultanée des deux disciplines. D'autre part cette reconstruction doit être rigoureusement formelle, au sens hilbertien, « c'est-à-dire sans rapport avec le sens des signes... il suffit de fixer la validité de certaines propositions et les relations

(1) *Ibid.*, p. 210.
(2) P. 66.

de consécution, on n'a pas à poser... de question qui dépasse la structure formelle du système » [1].

Le formalisme strict n'est pourtant pas adopté par là : contre lui le logicisme transformé garde une objection décisive : il est incapable de rendre compte de l'application des mathématiques à la physique. Qu'ont à faire les jeux non contradictoires de symboles avec les phénomènes du monde ? « On ne voit absolument pas la raison, écrivait FRAENKEL en 1928, pourquoi les lois de l'arithmétique formelle correspondent exactement aux expériences de l'enfant devant son boulier » [2]. Il n'y a pas de passage entre la proposition : dans cette salle il y a maintenant Pierre et Jacques et eux seuls, et la proposition : dans cette salle il y a maintenant deux personnes. La définition du nombre 2 telle que la donnait FREGE le permettait. « On ne donnera un fondement logique aux mathématiques qu'en construisant un système qui rende possibles de telles déductions » [3] Telle est la tâche qui déborde l'entreprise formaliste, et que l'école logiciste reconnaît comme sienne : remplacer la métamathématique ou « syntaxe de la mathématique par une syntaxe de la langue totale qui unit propositions logico-mathématiques et propositions synthétiques » [3]. Mais d'une part on ne voit pas comment, ayant renoncé à distinguer logique et mathématique, donc ne possédant — comme la syntaxe de FREGE — aucune base de référence préalable aux mathématiques, cette syntaxe pourra « contenir des déterminations formelles générales sur l'apparition des signes mathématiques dans les propositions synthétiques descriptives, et des relations de consécution pour ces propositions » [3]. A moins de supposer déjà une partie non précisée — ni peut-être précisable, à la différence du for-

(1) P. 254.
(2) FRAENKEL (V), p. 383.
(3) CARNAP (III), p. 254.

malisme qui ne supposait que l'arithmétique finie — des mathématiques, elle ne peut guère que codifier ce qui a été effectivement réalisé dans les écrits des physiciens, à quelques simplifications et unifications près : rien n'engage pour une nouvelle théorie physique. Quel que soit l'intérêt propre des ingénieuses esquisses de CARNAP à ce sujet, il semble qu'elles l'entraînent plutôt vers une sorte de philologie scientifique que vers un fondement logique — donc différent d'une simple constatation — de l'application des mathématiques à la réalité. D'autre part elles font intervenir la « langue totale », surprenant retour à WITTGENSTEIN. Il ne peut s'agir d'une langue générale, schéma commun à toutes les langues : dans l'esquisse de la syntaxe générale (1) il n'y a que des cadres vides. C'est bien une sorte de réceptacle pour toutes les langues qui est visé, nécessairement puisqu'aucune langue ne peut contenir toutes les mathématiques, illégitimement puisque n'étant pas une langue il ne saurait être l'objet de recherches syntaxiques. Du logicisme ainsi compris — et guidé par le même réalisme caché qui pour FREGE et RUSSELL posait un en soi de l'univers — aucune solution au problème du fondement ne peut être attendue.

Resterait donc seulement l'intuitionnisme. On a vu d'ailleurs son rôle dans les démonstrations de non contradiction. Elles revenaient — sauf celles d'ACKERMANN et von NEUMANN — à donner un moyen de coordonner une interprétation intuitionniste aux propositions valables. La méthode des champs — tirée du théorème d'HERBRAND — n'est que construction intuitionniste d'un modèle satisfaisant aux axiomes. Pour la démonstration GENTZEN le caractère est particulièrement net : « la partie essentielle de ma démonstration... consiste en ceci qu'un sens *finitiste* [c'est-à-dire acceptable par l'intuitionnisme] est coor-

(1) Etudiée *in* CARNAP (III), p. 106-202.

donné aux *propositions en soi* [aux propositions formelles de la mathématique classique] » (1). C'est le procédé de réduction, déterminable pour toute proposition démontrée. Il peut arriver qu'il ne présente qu'un « lien assez lâche avec la forme de la proposition », qu'il soit plus *faible* que pour les propositions de même forme démontrées de façon finie (ainsi pour les propositions telles que $\sum_x \mathfrak{A}(x)$ où le sens finitiste — procédé de réduction — n'énonce pas qu'on peut donner un exemple i pour lequel $\mathfrak{A}(i)$ est vrai, mais dépend de la démonstration de $\sum_x \mathfrak{A}(x)$). De toutes façons ne représente-t-il pas le seul sens mathématique recevable ? Il semble que la nécessité d'une interprétation dans l'intuitionnisme conduise pratiquement à la réduction à l'intuitionnisme. La mathématique classique aurait l'intérêt d'une présentation plus rapide ou plus harmonieuse : la mathématique authentique est intuitionniste (2).

La situation n'est en effet pas la même que lorsque KRONECKER voulait réduire les mathématiques à des opérations sur les nombres entiers. On se rappelle la réponse de DEDEKIND (3) : l'introduction d'un nouveau concept n'a de prix que si on abandonne les concepts primitifs en lesquels il se décompose. Ou, avec la comparaison des adjonctions d'idéaux (4) : c'est la 1re opération de liaison avec le domaine primitif qui est ici effectuée (remplacement du calcul nouveau par un système de calculs anciens) au lieu de la 2e (élimination des éléments idéaux Π, Σ, ε) que les mé-

(1) GENTZEN (II), p. 564.

(2) Sans se prononcer expressément sur la question (« si quelque chose de réel correspond au *sens-en-soi* d'une proposition transfinie, est un problème dont ne s'occupe pas une démonstration de non contradiction »), GENTZEN semble se rapprocher de cette thèse ; il plaide seulement pour une valeur esthétique et pratique des énoncés classiques : puisqu'il y a non contradiction, ils dispensent au moins l'intuitionniste de chercher une démonstration pour leur négation.

(3) V. ci-dessus, p. 54.

(4) Ci-dessus, p. 97.

thodes d'ACKERMANN, von NEUMANN avaient vainement essayé de réaliser directement. Pour la liaison, la 1re opération — plus compliquée — suffit (elle entraîne aussi la non contradiction puisque $0 \neq 0$ devrait être interprétable). Mais l'introduction de concepts, l'adjonction d'idéaux n'ont d'intérêt qu'en tant que moments insérés dans le développement dialectique des mathématiques. Si le nombre complexe est plus que le couple de nombres réels qu'il remplace, c'est qu'il est à son tour point d'application concret pour les raisonnements de la théorie des fonctions analytiques. La transformation des mathématiques en systèmes entièrement formels par l'adjonction des idéaux symboles transfinis n'avait de sens qu'autant qu'elle permettait un traitement concret métamathématique de ces systèmes, c'est-à-dire principalement leur caractérisation et leur utilisation grâce au procédé de la *décision* (une proposition étant donnée on reconnaissait si elle pouvait être décidée dans un système ou s'il fallait en transformer et enrichir les axiomes). Or le procédé n'est applicable qu'aux systèmes saturés : ici encore le résultat de GÖDEL intervient. La métamathématique telle que HILBERT l'avait définie et qui devait procurer son aspect véritable au développement des mathématiques apparaît sans objet. L'édifice formel classique n'est qu'une superstructure accessoire.

Il reste pourtant, non pas dans le formalisme radical mais dans les analyses propres de HILBERT deux thèmes qui, délivrés de leur lien avec le reste de la doctrine, ne sont pas touchés par les conséquences du théorème de GÖDEL et donnent au système classique en face de la construction intuitionniste une signification indépendante : d'une part la théorie de la généralisation et de la méthode axiomatique, d'autre part la théorie du signe, la première justifiant la fécondité propre, la deuxième la portée objective du système.

On a vu le triple rôle de la généralisation (1), sous les différents aspects de définitions descriptives qu'elle engendre (telles qu'adjonctions d'idéaux, axiomatisations partielles ou complètes) : libération d'opérations de conditions extrinsèques à leur accomplissement, dissociation ou identification de processus accidentellement unis ou distingués, enfin position de nouveaux objets comme corrélats d'opérations reconnues autonomes. Dans tous les cas la fécondité du travail effectif est obtenue par ces ruptures dans le tissu mathématique, ce passage dialectique d'une théorie portant en elle-même ses bornes à une théorie supérieure qui la méconnaît quoique et parce qu'elle en procède. Striage de lacunes, renversements volontairement opérés, rien n'est davantage opposé à la construction progressive de l'intuitionnisme qui relie tout par des processus engendrés les uns des autres et prenant comme départ unique la dyade. — Il y a cependant un rapprochement à propos du premier stade de la définition du continu : jusqu'à l'intervention des définitions non prédicatives, l'analyse classique n'est que raisonnements sur des fractions continues (ou suites dyadiques) quelconques, c'est-à-dire où n'importe pour le raisonnement que le fait qu'on a des fractions continues et non pas les nombres effectivement substituables aux places de leur développement. Mais ne retrouve-t-on pas exactement ainsi les suites libres de choix ? l'arbitraire au lieu d'être placé initialement dans l'exigence authentique du problème est en quelque sorte concrétisé dans un devenir indéfini. Pour dépasser l'énumérable, c'est-à-dire ce qui peut être atteint effectivement, il fallait se libérer de ses restrictions : en acceptant que le mathématicien fasse des raisonnements « pourvus de sens » sur des suites incomplètement déterminées, dans la mesure où il ne tient compte

(1) Ci-dessus, p. 53 (analyse de DEDEKIND) et p. 96 (analyse de HILBERT).

que de ce qui en elle est déterminé, BROUWER réintroduit subrepticement l'un des moments essentiels de la généralisation classique, à peine masqué sous l'image — qui n'est pour lui-même qu'une image — du développement dans le temps. D'où l'accord partiel (les possibilités de réussite pour des entreprises comme celles de GENTZEN), l'inutilité, pour la plupart des problèmes à ce stade, de la distinction entre définitions positives ou négatives (de la séparation, de l'ordre) ; les raisonnements classiques peuvent se mettre alors sous forme hypothétique : si on sait séparer, ordonner tels nombres réels il en résulte ceci. — Reste le second stade, l'analyse complète avec définitions non prédicatives : ici de nouveaux objets sont posés, deviennent points de départ de raisonnements. La généralisation s'actualise en idéalisation. C'est le pouvoir de créer dont parle DEDEKIND, que HILBERT avait cru légitimer avec les démonstrations de non contradiction. La théorie du signe doit alors intervenir.

Elle n'a pas chez HILBERT la valeur d'une simple description psychologique. Il s'agit de la reconnaissance phénoménologique (au sens husserlien) d'un caractère essentiel des énoncés mathématiques : ils ne sont jamais que la constatation d'une certaine situation entre objets sensibles. On a vu que KANT éprouvait déjà le besoin d'étendre sa théorie des démonstrations géométriques aux processus algébriques. Le mouvement général de formalisation au XIXe siècle n'est pas un accident historique : les symboles ne sont pas des adjuvants pour la mémoire, mais les nouveaux objets que l'on considère authentiquement (qui ne sont pas mis là pour autre chose qu'ils représentent) dans une théorie radicalement nouvelle engendrée par le processus de généralisation. L'attitude du *Cercle de Vienne* est ici instructive : WITTGENSTEIN rejetait les propositions syntaxiques parce qu'une situation entre objets (ici éléments de la langue) se voit, ne s'énonce pas. Il est absurde d'écrire $a = a$, $a \neq b$. Avec la distinction de syntaxes superposées (qui correspond au passage de la combinatoire intuitive aux mathématiques proprement dites), les énoncés syntaxiques reprennent un sens, mais en tant qu'ils s'insèrent dans un système formel. « La possibilité d'être traduit dans le mode d'expression formel... est le critérium qui distingue les vraies propositions de la logique de la science des autres propositions philosophiques [dépourvues de sens] » (1). On a vu le triomphe du formalisme sur le logicisme ancien de ce point de vue : cette insertion forcée oblige à ne donner au signe d'autre sens que ses modes d'emploi. L'énoncé d'une situation mathématique est lui-même une situation mathématique. Mais comme telle sans lien direct avec la première. Ce fut l'erreur commune au logicisme et au formalisme de vouloir transformer en liaison nécessaire un rapport qui appartient — si modifié soit-il — au phénomène général du langage. Aussi bien le logicisme actuel s'occupe-t-il de faire les distinctions indispensables (2). D'autre part les mathématiques elles-mêmes prêtent à confusion :

$$f(x) = o$$

est à la fois situation et expression de situation. Mais dès le jeu sur l'équation, son traitement effectif, se séparent acte et discours. Si les mathématiques sont travail sur des formules, elles ne sont ni le système formel de RUSSEL ni celui de HILBERT. L'un et l'autre n'ont d'intérêt que pour la théorie des ensembles (ou pour la combina-

---

(1) CARNAP (III), p. 210.

(2) Déjà FREGE distinguait entre un symbole *p* en tant que représentant d'objet et la désignation de ce symbole '*p*' (exemple de CARNAP : « Paris est la capitale de la France » et « 'Paris' est disyllabique »). Cf. les remarques de CARNAP (II), p. 109-113 et 184-192 sur le mode d'expression *autonyme* (où le symbole se représente lui-même, exemple la proposition *p* (N*p*) dans GÖDEL (II), ci-dessus, p. 148) et de TARSKI (III) sur la superposition des langues.

toire logique) [1] où justement les raisonnements naïfs privés de support sensible risquaient de se référer implicitement à des images finies. On voit sans peine que l'étroit corselet des règles de la logique classique n'enserre que de façon incommode les expériences imprévisibles faites sur les formules [2]. Ce sont celles-ci dans leur originalité concrète qui constituent la réalité objective, non leur traduction qui aussi bien se réduit à une suite d'expériences d'ordre différent. Il n'y a pas plus de raison de remplacer toutes les opérations effectuées en mathématiques par des opérations arithmétiques [3] qu'il n'y avait de raison de construire comme on faisait du temps de WEIERSTRASS toutes les relations en systèmes de relations de nombres réels. La formalisation complète aboutit paradoxalement à supprimer les indépendances opératoires que la méthode axiomatique aurait eu pour but de sauvegarder [4].

---

(1) Indépendamment de développements techniques comme celui de la théorie des fonctions récurrentes chez HILBERT, ACKERMANN (ci-dessus, p. 119).

(2) GENTZEN (I) a essayé de définir un système logique (équivalent au système classique) plus proche des procédés naturels de la pensée, il insiste en particulier sur le procédé de *distinction des cas* pour l'*élimination de* $\vee$ (les deux hypothèses de la disjonction sont successivement envisagées, si elles conduisent au même résultat celui-ci sera affirmé comme conséquence de la disjonction). — A propos de la formalisation de la démonstration d'EUCLIDE qu'il y a une infinité de nombres premiers (GENTZEN (II), p. 506-511), il distingue différents modèles d'induction complète, en particulier l'induction complète *descendante* :

$$x_2 (t) \wedge \prod_{x_1} [x_2 (sx_1) \rightarrow x_2 (x_1)] \rightarrow x_2 (o)$$

t étant un nombre particulier. On se trouve ici dans le cas de raisonnements arithmétiques dont les expériences comme telles sont voisines de celles de la syntaxe d'une langue. Cf. pourtant la longueur de la formalisation (avec le système classique) du début de l'arithmétique *in* HILBERT et BERNAYS (I), p. 405 sq., en particulier la démonstration de la symétrie de la relation Pr $(a\ b)$: a et b sont premiers entre eux.

(3) Celles de l'arithmétique récurrente où se traduisent les opérations logiques. Cf. aussi SKOLEM (II).

(4) Cf. à ce sujet C. CHEVALLEY (I), p. 379.

Mais où situer les expériences, à quoi reconnaître l'existence effective des objets ? Le problème est insoluble si l'on conserve l'ontologie non critique admise implicitement dans la plupart des discussions, la dualité d'un monde sensible en soi et d'une pensée confondue avec des manifestations historiques. D'où le recours à PLATON, la référence à un système intelligible, garantie objective de la conscience empirique: il y a plutôt reconnaissance de l'impossibilité de s'en tenir au système des objets effectivement construits, affirmation d'une complexité de la notion d'existence mathématique, qu'indication vers une solution — à moins d'admettre une intuition intellectuelle qui, sans jouer de rôle dans le travail mathématique proprement dit, interviendrait pour rendre plausible un système d'axiomes, appréhender l'harmonie d'une théorie déjà construite et échappant à toute démonstration de non contradiction comme la théorie des ensembles dans l'axiomatique Zermelo-Fraenkel. Il semble plus sûr de ne pas rompre, même pour une justification, l'enchaînement avec les démarches de la conscience empirique depuis l'origine. « L'analyse mathématique — écrit L. BRUNSCHVICG —... est une suggestion de l'expérience pour l'extension de l'expérience elle-même » (1). Il n'y a rien de si peu historique — au sens de devenir opaque, saisissable seulement dans une intuition artistique — que l'histoire mathématique. Mais rien d'aussi peu réductible, dans sa singularité radicale. Si la nécessité de la configuration des théories en un temps donné est douteuse — même retranché le contingent sociologique de leur expression — s'il est possible de feindre actuellement une ou plusieurs théories absentes, tout le reste étant conservé — encore que ce ne soit peut-être que par ignorance de relations cachées entre problèmes, on ne peut envisager le tout comme un système arbitraire de théories juxtapo-

(1) L. BRUNSCHVICG (I), p. 570.

sées, la place ou la présence de l'analyse, par exemple, ou de l'arithmétique étant indifférente. Il n'y a pas de définition et de justification d'objets mathématiques qui ne soit les mathématiques mêmes, c'est-à-dire, comme faisait BROUWER, déroulement de leur histoire depuis la dyade, avec cette différence, d'une part que le déroulement est unique, tandis qu'il y a pour BROUWER, semble-t-il, un arbitraire des créations, d'autre part qu'il n'est pas situé dans une région de la conscience, caractérisée par une intuition *sui generis* (ce qui donne leur validité aux créations). L'intuition ici en cause n'est que le prolongement de l'intuition sensible véritable non figée dans les premiers stades d'une conscience fragmentaire : l'élargissement de la conscience et le développement dialectique de l'expérience coïncident. Ils donnent lieu à l'engendrement indéfini des objets dans ce que nous appellerons le *champ thématique* : on a vu quelques-uns de ces processus d'engendrement, les différentes sortes de généralisations, les formalisations auxquelles s'ajoute la *thématisation* proprement dite : transformation d'une opération en élément d'un champ opératoire supérieur, exemple topologie des transformations topologiques (essentielles d'une façon générale en théorie des groupes) [1]. Trois sortes de moments dialectiques — d'après une classification obligatoirement grossière et non exhaustive — en réalité chacun incomparable aux autres, dans l'originalité de la situation mathématique où il naît.

La nécessité de l'engendrement d'un objet n'est jamais saisissable qu'à travers la constatation d'une réussite ; l'existence dans le champ thématique n'a de sens qu'en tant que corrélat d'un acte effectif. Ainsi pour le corps des nombres réels : les définitions non prédicatives y sont comme on l'a remarqué [2] inoffensives si on suppose posée

---

(1) Voir les analyses de ceci dans LAUTMANN (II).

(2) Voir par exemple FRAENKEL (IV) p. 253.

l'existence du corps tout entier ; pour celui-ci la possibilité de réalisation des opérations de l'analyse classique est le seul critère : la question du sens d'une opération telle que la posent les intuitionnistes émane du préjugé — d'ontologie non critique — que l'objet doit être défini antérieurement à l'opération, alors qu'il en est inséparable. Doublant le champ thématique se trouve le système des méthodes impossibles à préciser autrement que par l'intuition centrale qui dirige les variations de leurs applications et qui constitue l'unité profonde — mais cette fois saisissable dans l'action — d'une théorie : tels le calcul desarguien en géométrie projective élémentaire, le procédé général de la diagonale ou la linéarisation dans la théorie de Cantor, le procédé de la chaîne pour Dedekind ; comprendre est en attraper le geste, et pouvoir continuer. — La dualité objet — procédé d'action sur lui est le masque du dépassement dialectique d'une méthode par une autre, les objets posés indépendamment de la seconde étant les corrélats de la première. Quant au moteur du processus, il semble échapper à toute investigation : c'est ici le sens plein de l'expérience, dialogue entre l'activité consciente en tant que pouvoir de tentatives soumises à des conditions et ces conditions mêmes. Distinguer l'une comme entendement, les autres comme sensibilité n'avancerait que si, d'un côté au moins, une structure était possible à préciser. Abandonné le primat des catégories injustifiables, il ne reste qu'une dualité de droit, impossible à actualiser puisque l'imprévisibilité de la synthèse est la définition de son existence. Ce n'est, ici même, qu'en allant au bout de la formalisation — en particulier en formalisant la syntaxe dans la langue —, qu'on a pu savoir ce qu'était un système formel, apercevoir les limites du procédé. Mais le sensible, conscience concrète immédiate, n'est pas abandonné : ce n'est pas le quitter que d'agir sur lui (tout objet abstrait, obtenu, par exemple, par thématisation, est un geste sur un geste,...

sur un geste sur le sensible primitif). Le champ thématique n'est donc pas situé hors du monde mais est transformation de celui-ci : la pensée effective (exigeant une conscience plus complète) des choses est pensée de ses objets (la pensée adéquate d'une pluralité est pensée de son nombre). S'il reste un élément inéliminable d'incertitude (doutes sur le corps des nombres réels, ou même pour LUSIN sur l'ensemble des entiers) son action ne porte pas vers l'arrière, les gestes accomplis effectivement restant valables (validité définitive des énoncés), mais vers l'avant pour une transformation de ce qui est posé (modification des notions). Pour les logicistes, dépassant la représentation du triangle, immuable en tant que représentation, est le discours sur le triangle, qui fait les mathématiques. Mais le discours en tant que mouvement n'est qu'un aspect particulier du devenir général de la conscience : l'accompagnement symbolique, comme tout jalonnement par la conscience des étapes de son action sur les choses, ne doit pas en être isolé, il participe dans les meilleurs cas (langage systématisé) à l'extension corrélative de l'expérience.

Telle est semble-t-il la double réponse d'un formalisme modifié au logicisme et à l'intuitionnisme. En premier lieu séparation entre expérience véritable qui est connaissance, donc ne peut être que celle qui régit les mathématiques et l'expérience au sens courant ou expérience physique, superposition d'éléments hétérogènes. Sans prétendre analyser ceux-ci, on peut se contenter, pour éviter toute confusion, de marquer que s'il n'y a rien d'autre à penser en physique que le mathématique qui s'y trouve, l'intention technique — au sens sociologique : affirmation de la vie humaine dans le monde, ou mise en présence de l'homme, en tant qu'être individuel, avec les choses — intervient pour arrêter le processus dialectiquenormal, fragmenter ou coordonner des expériences diverses, à leur premier stade (privilégié pour le vivant) : par exemple, le repérage individuel d'une expérience en tant à la fois que telle et qu'événement vécu d'une conscience, mais le repérage lui-même dès qu'objectif est expérience d'un autre ordre (1). Dans cet enchevêtrement la notion d'expérience pure ou conscience disparaît. Quant à l'application des mathématiques à la « réalité », c'est-à-dire au système d'interactions vitales entre homme et choses, il est visible d'après ce qui précède qu'elle n'intéresse plus le problème du fondement des mathématiques : l'enfant devant son boulier est mathématicien, et tout ce qu'il y peut faire n'est que mathématique ; mais l'ordre suivi, la liaison aussi avec d'autres expériences peuvent être dirigées par une intention technique de rôle d'abord négatif : arrêt de l'approfondissement de conscience réclamé par chaque expérience séparément.

En second lieu abandon de tout *à priori*. La signification véritable de la logique semble avoir été définitivement précisée par BROUWER : c'est la traduction, dans la syntaxe du langage, d'expériences générales sur des systèmes finis ; son autorité est celle d'une première étape par laquelle il faut toujours passer, autorité identique à celle de l'arithmétique et de l'analyse pour les théories postérieures. Mais de là aussi, l'abandon d'une critique qui ne peut être efficace quand elle porte non sur les discours mathématiques mais sur la réalité des enchaînements. La contradiction n'est que l'expérience d'un échec (impossibilité d'accomplissement d'un geste prévu par la conscience inadéquate). D'où la confusion — que signalait HILBERT — entre existant, c'est-à-dire saisissable empiriquement, et non contradictoire : c'est, contrairement aux apparences, cela qui constitue le véritable sens de ceci. De même pour le tiers exclu : il ne fait que traduire l'indépendance dialectique

---

(1) D'où, par exemple, le rôle du calcul des probabilités qui semble le développement mathématique de l'expérience *individu-collectivité*. Nous espérons revenir ailleurs là-dessus.

de l'expérience par rapport à son actualisation dans une conscience individuelle ou dans un procédé donné. On l'a vu à propos du continu au premier stade : la notion de totalité y est identique à celle d'arbitraire. Dans toute théorie, transformer la négation d'une proposition universelle en proposition particulière n'est que le jeu préalable à des nouvelles opérations : rien n'interdit *à priori* que pour celle-ci suffise le point de départ négatif (qui n'est d'ailleurs pas situé dans le vide, mais dans un milieu doué de propriétés positives, par exemple dans l'analyse, si les propriétés restant attribuées à un nombre réel permettent d'agir sur lui). La négation a au contraire ici un effet de dissociation, elle permet de libérer une opération jusque-là jointe à d'autres (exactement comme les axiomatisations partielles). C'est un reste d'attachement à l'*à priori* logique qui oblige les intuitionnistes à leurs interdictions. Pour séparer la nécessité mathématique des constatations expérimentales il leur faut une intuition originale et, puisqu'impossible à définir, dont la réalité au moins soit prouvée par la continuité de constructions enchaînées. Mais la rationalité de la conscience est véritable immanence c'est-à-dire qu'aucune exigence — pas plus qu'aucune définition — ne peut la garantir. La mathématique intuitionniste est une partie au sein des mathématiques — pouvant d'ailleurs, en raison des conditions imposées, présenter des avantages pour la technique humaine [1].

Bernays niait en 1934 — c'est-à-dire peu après la déception des ambitions formalistes — qu'il y eut une crise des mathématiques : « en vérité les sciences mathématiques croissent en pleine sécurité et harmonie » [2]. Crise philosophique seulement parce que des exigences extrinsèques ont

(1) Nous pensons ici à des remarques — verbales — de R. Wavre sur l'utilisation des mathématiques intuitionnistes par la physique moderne.

(2) Bernays (IV), p. 52.

été posées, parce qu'aussi bien du côté de HILBERT que de celui des intuitionnistes un idéal d'évidence a été défini : axiomatisation et formalisation ne sont plus moments d'une dialectique créatrice mais des uniformes obligatoires. D'où sans doute également pas mal d'exagération dans les difficultés de la théorie des ensembles : réellement il n'y a, semble-t-il, que celles qui proviennent du mélange entre spéculation philosophique et raisonnements mathématiques et celles, normales, que provoquent les insuffisances techniques. On a vu ailleurs (1) la naissance des premières, comment, des expériences effectives sur des ensembles de l'analyse, CANTOR, puis ZERMELO sont partis fonder les notions de nombre et de fonction sur une théorie qui leur soit préalable (c'est-à-dire qu'aucune dialectique expérimentale ne permet d'atteindre). Avec les axiomatisations formalisantes de FRAENKEL et de VON NEUMANN la théorie abstraite retrouve une signification sensible : les opérations effectuées sur les symboles. Qu'elles ne correspondent pas au sens initial n'a rien d'étonnant, la non catégoricité fondamentale de ces systèmes conçus comme traduction d'une autre réalité (impossible à atteindre concrètement) et non comme systèmes formels indépendants, en est la preuve. Ils ne sont mathématiques qu'en tant que formels, quelles que soient par ailleurs les possibilités de coordination avec d'autres systèmes pour certaines opérations effectuées celles-la sur des ensembles construits dans d'autres théories (le passage d'un ensemble à l'ensemble de ses parties). Quant aux paradoxes des ensembles analytiques ou projectifs — en dehors des liaisons inattendues qu'ils découvrent (entre usage de la totalité de la classe II et opérations géométriques) — ils ne font, en tant que paradoxes, qu'accentuer à nouveau le hiatus entre procédés géométriques et procédés analytiques. La situation est symétrique — et

(1) CAVAILLÈS (III), p. 74 et 118.

prolongement — de celle de la mathématique grecque au moment de la découverte des irrationnels : ici encore un moyen d'unification (les définitions des irrationnels données au XIXe siècle) se révèle inefficace. Pas plus qu'alors les objections des Sophistes contre la division de l'unité, n'en reçoivent aujourd'hui justification les doutes sur l'analyse. Ici comme ailleurs la nécessité dialectique se masque sous un échec, l'expérience nouvelle n'est donnée que par un effort positif d'authentique aperception.

Bibliographie

Ackermann W. (I). — *Begründung des « tertium non datur » mittels der Hilbertschen Theorie der Widerspruchsfreiheit.* — *Math. Ann.*, t. 93 (1924), p. 1-36.

— (II). — *Zum Hilbertschen Aufbau der rellen Zahlen.* — *Math. Ann.*, t. 99 (1928), p. 118-135.

— (III). — *Über die Erfüllbarkeit gewisser Zählausdrücke.* — *Math. Ann.*, t. 100 (1928), p. 638-639.

— (IV). — *Untersuchungen über das Eliminationsproblem der mathematischen Logik, ibid.*, t. 110 (1934), p. 390-413.

V. aussi Hilbert und Ackermann (I).

Baldus R. (I). — *Über Hilberts Vollständigkeitsaxiom.* — *Math. Ann.*, t. 100 (1928), p. 321-333.

Barzin et A. Errera (I). — *Sur la logique de M. Brouwer.* — *Bull. Acad. Sces. Belg.*, 1427, p. 56-71.

— (II). — *Sur le principe du tiers exclu.* — *Arch. Soc. belge Phil.*, t. I (1929).

Becker O. (I). — *Mathematische Existenz.* — Halle a. d. Saale, Niemeyer, 1927.

Bernays P. (I). — *Axiomatische Untersuchung des Aussagenkalkuls der « Principia mathematica ».* — *Math. Zeitschr.*, t. 25 (1926), p. 305-320.

— (II). — *Die Philosophie der Mathematik und die hilbertsche Beweistheorie.* — *Blätter f. deutsche Philosophie*, t. 4 (1930), p. 326-327.

— (III).— *Methode des Nachweises von Widerspruchsfreiheit und ihre Grenzen.* — *Verhandl. Intern. Math. Kongress.* Zurich (1932), t. II, p. 342.

— (IV). — *Sur le platonisme dans les mathématiques.* — *Enseignement math.*, t. 34 (1935), p. 52-69.

— (V). — *Quelques points essentiels de la métamathématique.* — *Ibid.*, p. 70-95.

— (VI). — *Hilberts Untersuchungen über die Grundlagen der Arithmetik in* Hilbert (XVII), p. 196-216.

V. aussi Hilbert und Bernays (I).

Blumenthal D. (I). — *Hilbertslebensgeschichte.* — *In* Hilbert (XVII), p. 388-429.

Bolzano B. (I). — *Philosophie der Mathematik oder Beiträge zu einer begründeteren Darstellung der Mathematik.* — 1810 ; nouv. édit. par H. Fels (Sammlung Philosophischer Lesestoffe). Paderborn. Schöningh, 1926.

— (II). — *Rein Analytischer Beweis....* — Prag., 1817, nouv. édit. par B. Jourdain (Ostwald's Klassiker), Leipzig, Engelmann, 1905.

— (III). — *Wissenschaftslehre, Versuch einer ausführlicheren Darstellung der Logik.* — 4 t. (1837), nouv. édit. par Höfler. Leipzig, 1914.

BOREL E. (I). — *Leçons sur la théorie des fonctions.* — 1re édit., 1898, 3e édit. avec 7 appendices, Paris, Gauthier-Villars, 1928.

— (II). — *Méthodes et problèmes de la théorie des fonctions.* — Paris, Gauthier-Villars, 1922.

BROUWER (I). — *Begründung der Mengenlehre unabhängig vom logischen Satz vom ausgeschlossen Dritten.* — *Verh. Akad. Wet. Amsterdam*, t. 12 (1918 et 1919), nos 5 et 7.

— (II). — *Intuitionistiche Mengenlehre.* — *Jahresber. d. Deutschen Math. Verein.*, t. 28 (1919), p. 203-208.

— (III). — *Besitzt jede reelle Zahl eine Dezimalbruchentwicklung ?* — *Math. Ann.*, t. 82 (1921), p. 201-210.

— (IV). — *Intuitionistische Zerlegung mathematischer Grundbegriffe.* — *Jahresb Deutsch. Math. Verein.*, t. XXXIII (1925), p. 251-256.

— (V). — *Zur Begründung der intuitionistischen Mathematik.* — *Math. Ann.*, t. 93 (1925), p. 244-257, t. 95 (1926), p. 451-488.

— (VI). — *Intuitionistische Betrachtungen über den Formalismus.* — *Proc. Akad. Wet. Amsterdam*, t. 21, p. 374-379 ; également *S-B. preuss. Akad.-Wiss.* (1927), p. 48-52.

— (VII). — *Mathematik Wissenschaft und Sprache.* — *Monatshefte f. Math. u. Physik.*, t. 36 (1929), p. 153-164.

— (VIII). — *Die Struktur des Kontinuums.* — Wien, 1930 (Gastvorträgen ausländ. Gel. d. exakten Wiss.).

BRUNSCHVICG L. (I). — *Les Etapes de la philosophie des mathématiques.* — 2e édit. Paris, Alcan, 1922.

— (II). — *L'Expérience humaine et la causalité physique.* Paris, Alcan, 1922.

— (III). — *Les Ages de l'intelligence.* — Paris, Alcan, 1935.

CARNAP R. (I). — *Abriss der Logistik.* — Wien Springer, 1929.

— (II). — *Die logistische Grundlegung der Mathematik.* — *Erkenntnis*, t. II (1931), p. 98.

— (III). — *Logische Syntax der Sprache.* — Wien Springer, 1934.

— (IV). — *Ein Gültigkeitskriterium für die Sätze der klassischen Mathematik.* — *Monatshefte f. Math. u. Physik.*, t. 42 (1935), p. 163.

CAVAILLÈS J. (I). — *Le Cercle de Vienne au Congrès de Prague.* — *Revue de Méta.*, 1935, p. 137-149.

— (II). — *Logique mathématique et syllogisme.* — *Revue philosophique*, 1937, p. 163.

— (III). — *Remarques sur la formation de la théorie abstraite des ensembles.* — Paris, Hermann, 1937.

CHASLES (I). — *Aperçu historique sur l'origine et le développement des méthodes en géométrie.* — Bruxelles, 1857, 2e édit., 1875.

CHEVALLEY (I). — *Variations du style mathématique.* — *Revue de Méta.*, 1935, p. 275-284.

DEDEKIND (I). — *Stetigkeit und irrationale Zahlen.* — 1re édit., 1872 ; 5e édit. Braunschweig. V. aussi (III), p. 315.

— (II). — *Was sind und was sollen die Zahlen ?* — 1re édit., 1887 ; V. aussi (III), p. 335.

— (III). — *Gesammelte Werke.* — Herausgegeben v. Ore, Fricke u. E. Noether, t. III (mit Stücken aus d. Nachlass). Braunschweig, 1932.

DEHN M. (I). — *Die Grundlegung der Geometrie in historischer Entwicklung.* — In *Pasch u. Dehn* (I), p. 185-271.

EKLUND H. (I). — *Über die Mengen die Elemente ihrer selbst sind.* — *Nyt Tids. for Mat.* Avd B. t. 29 (1918), p. 8-28.

ENRIQUES F. (I). — *Les fondements de la géométrie.* — In *Encyclopédie des sc. math.*, t. III, p. 1.

FRAENKEL A. (I). — *Über den Begriff « definit » und die Unabhängigkeit. des Auswahlaxioms.* — *S. B. preuss. Akad. Wiss.*, 1922, p. 253-257.

— (II). — *Untersuchungen über die Grundlagen der Mengenlehre.* — *Math. Zeitschr.*, t. 22 (1925), p. 250-273.

— (III). — *Zehn Vorlesungen über die Grundlegung der Mengenlehre.* — Leipzig u Berlin Teubner, 1927.

— (IV). — *Einleitung in die Mengenlehre.* — 3e éd. Berlin, Springer, 1928.

— (V). — *Sur la notion d'existence dans les mathématiques.* — *Enseign. Math.*, t. 34 (1935), p. 18-32.

— (VI). — *Sur l'axiome du choix.* — *Ibid.*, p. 32-51.

FRÉCHET M. (I). — *Les espaces abstraits.* — Paris, Gauthier-Villars.

FREGE (I). — *Grundlagen der Arithmetik.* — Breslau, Koebner, 1884.

— (II). — *Grundgesetze der Arithmetik.* — 2 vol. Iena, Pohle, 1893 et 1903.

GEIGER M. (I). — *Systematische Axiomatik der Euklidischen Geometrie.* — Augsburg, 1924.

GENTZEN G. (I). — *Untersuchungen über das logische Schliessen.* — *Math. Zeitschr.*, t. 39 (1934), p. 176 et 405.

— (II). — *Die Widerspruchsfreiheit der reinen Zahlentheorie.* — *Math. Ann.*, t. 112 (1936), p. 493-565.

GERGONNE (I). — *Considérations philosophiques sur la science de l'étendue.* — *Annales de Gergonne*, t. 16 (1826), p. 209-232.

GLIVENKO (I). — *Sur la logique de M. Brouwer.* — *Bull. Acad. Sc. Belg.*, 1928, p. 225-228.

— (II). — *Sur quelques points de la logique de M. Brouwer.* — *Ibid.*, 1928, p. 183-188.

GÖDEL K. (I). — *Die Vollständigkeit der Axiome des logischen Funktionenkalküls.* — *Monatsh. f. Math. u Physik*, t. 37 (1930), p. 349-360.

— (II). — *Über formal unentscheidbare Sätze der Principia mathematica und verwandter Systeme.* — *Ibid.*, t. 38 (1931), p. 173-198.

— (III). — *Zur intuitionistischen Arithmetik und Zahlentheorie.* — *Ergebn. math. Kolloqiums* (Menger), 1933 Heft 4, p. 35-38.

— (IV). — *Eine Interpretation des intuitionistischen Aussagenkalküls.* — *Ibid.*, p. 39-40.

GONSETH (I). — *Les fondements des mathématiques.* — Paris.

— (II). — *Les mathématiques et la réalité. Essai sur la méthode axiomatique.* — Paris, Alcan, 1936.

GRASSMANN (I). — *Lineale Ausdehnungslehre, ein neuer Zweig der Mathematik.* — 1844, in (VI), t. I_1 p. 1-319.

— (II). — *Geometrische Analyse geknüpft an die von Leibniz erfundene Charakteristik.* — *In* (VI), t. I_1 p. 320-398.

— (III). — *Sur les différents genres de multiplications.* — *J. Crelle*, t. 49 (1855), p. 123-141.

— (IV). — *Lehrbuch der Arithmetik für höhere Lehranstalten.* — Berlin, 1861 *in* (VI), t. II, p. 295-349.

— (V). — *Ausdehnungslehre.* — 2e édit. transformée, 1862 *in* (VI), t. I_2 p. 1-379.

— (VI). — *Gesammelte Werke.* Leipzig, Teubner, 1894.

HAHN H. (I). — *Über die Multiplication total-additiver Mengenkfunktionen.* — *Annali d. R. Scuola Norm. di Pisa*, II, 2 (1933), p. 429-452.

HANKEL H. (I). — *Theorie der complexen Zahlensysteme.* — Leipzig, Voss, 1867.

HAUSDORFF F. (I). — *Gründzüge der Mengenlehre.* — Leipzig von Veit, 1914.

— (II). — *Mengenlehre.* — Nouv. édit. modifiée de (I). Berlin u Leipzig, Walter de Gruyter, 1927.

HERBRAND J. (I). — *Les bases de la logique hilbertienne.* — *Rev. de Méta.*, t. 37 (1930), p. 243-255.

— (II). — *Recherches sur la théorie de la démonstration.* Thèses de la Fac. des Sc. de Paris, 1930 (aussi *Trav. de Soc. d. Sc. et L. Varsovie*, 1930, p. 33-160).

— (III). — *Sur le problème fondamental de la logique mathématique.* — *C. R. Soc. d. Sc. et L. Varsovie*, cl. III, t. 24 (1931), p. 12-56.

— (IV). — *Sur la non contradiction de l'arithmétique.* — *Journ. f. Math.*, t. 166 (1931), p. 1-8.

HEYTING A. (I). — *Die formalen Regeln der intuitionistischen Logik.* — *S-B. preuss. Akad. Wiss.*, 1930, p. 42-56.

— (II). — *Die formalen Regeln der intuitionistischen Mathematik.* — *S.-B. preuss. Akad. Wiss.*, 1930, p. 57-71 et p. 158-169.

— (III). — *Die intuitionistische Grundlegung der Mathematik.* — *Erkenntnis*, t. 2 (1931), p. 106-115.

— (IV). — *Mathematische Grundlagenforschung Intuitionismus Beweistheorie.* — (Ergebn. d. Mathematik). Berlin, Springer, 1934.

— (V). — *De Ontwikkeling van de intuitionitische Wiskunde.* — *Euclides*, t. XIII (1936), aft III.

HILBERT D. (I). — *Über die gerade Linie als kürzeste Verbindung zweier Punkte.* — *Math. Ann.*, t. 46 (1894), appendice *in* (III), p. 126-132.

— (II). — *Über die Elemente der euklidischen Geometrie.* — Cours dactylographié, rédigé par H. von Schaper (1898-1899). Salle de lecture de l'Institut de mathématiques de Göttingen.

— (III). — *Grundlagen der Geometrie.* — 1re édit. 1899 : Festschrift zur Enthüllung des Gauss-Weber Denkmal Göttingen; 7e édit. avec appendices. Berlin et Leipzig Teubner, 1930.

— (IV). — *Mathematische Probleme.* — Discours prononcé au 2e congrès international des mathématiciens. Paris, 1900, reproduit in (XVII), p. 290-329.

— (V). — *Über den Zahlbegriff*. — *Jahresber. Deutsch. Math. Vereinig.*, t. 8 (1900), reprod. in (III), p. 241-246.

— (VI). — *Uber die Grundlagen der Geometrie*. — *Math. Ann.*, t. 56 (1902), reprod. in (III), p. 178-230.

— (VII). — *Über die Grundlagen der Logik und der Arithmetik*. — *Verhandlungen d. III Internat. Mathematiker Kongress*. Heidelberg, 1904, reprod. in (III), p. 247-262.

— (VIII). — *Axiomatisches Denken*. — *Math. Ann.*, t. 78 (1918), reprod. in (XVII), p. 146-156.

— (IX). — *Neubegründung der Mathematik*. — *Abh. math. Semin.* Hamburg, t. I (1922), reprod. in (XVII), p. 156-177.

— (X). — *Die logischen Grundlagen der Mathematik*. — *Math. Ann.*, t. 88 (1923), reprod. in (XVII), p. 178-191.

— (XI). — *Über das Unendliche*. — *Math. Ann.*, t. 95 (1925), p. 161-190, reproduit en partie (sans la solution au problème du continu) in (III), p. 262-288.

— (XII). — *Die Grundlagen der Mathematik*. — *Hamburger Seminars Einzelschr.* (1928) mit Zusätzen von H. Weyl u. P. Bernays, reprod. en partie in (III), p. 289-312.

— (XIII). — *Probleme der Grundlegung der Mathematik*. — *Math. Ann.*, t. 102 (1930), reprod. in (III), p. 313-323.

— (XIV). — *Die Grundlegung der elementaren Zahlenlehre*. — *Math. Ann.* t. 104 (1931), reprod. in (XVII), p. 122-195.

— (XV). — *Beweis des Tertium non datur*. — *Nachr. Ges. Wiss. Göttingen* kl. 1 (1931), p. 120-125.

— (XVI). — *Naturerkennen und Logik*. — *Verhandl. Ges. dtsch. Naturforsch.*, 1931, reprod. in (XVII), p. 378-387.

— (XVII). — *Gesammelte Abhandlungen*. — T. III, Analysis, etc. Berlin, Springer, 1935.

Hilbert D. und Ackermann W. (I). — *Grundzüge der theoretischen Logik*. — Berlin, Springer, 1928.

Hilbert D. und Bernays P. (I). — *Grundlagen der Mathematik*, t. I. — Berlin, Springer, 1934.

Huntington (I). — *A new set of postulates for detweennes, with proof of complete independance*. — *Trans. of the Amer. Math. Soc.*, t. 26 (1924), p. 257-282.

Husserl (I). — *Logische Untersuchungen*. — 3 vol. Halle (Saale), Niemeyer, 1921.

— (II). — *Formale und transzendentale Logik*. — Halle (Saale), Niemeyer, 1921.

Kaufmann (I). — *Das Unendliche in der Mathematik und seine Ausschaltung*. — Leipzig u Wien, 1930.

— (II). — *Bemerkungen zum Grundlagenstreit in Logik und Mathematik*. — *Erkenntnis*, II (1931), p. 262-290.

Klein F. (I). — *Über die sogenannte Nicht euklidische Geometrie*. — *Math. Ann.*, t. 6 (1873), p. 140.

— (II). — *Einleitung in die höhere Geometrie*. — Göttingen, 1893.

Kolmogoroff (I). — *Zur Deutung der intuitionistischen Logik*. — *Math. Zeitschr.*, t. 35 (1932), p. 58-65.

LAUTMAN A. (I). — *Le Congrès de Philosophie des Sciences de* 1935. — *Revue de Méta.*, 1936, p. 115-129.
— (II). — *Essai sur les notions de structure et d'existence en mathématiques.* — Paris Hermann 1937.
LEBESGUE H. (I). — *Leçons sur l'intégration et la recherche des fonctions primitives.* — 1re édit., Paris, Gauthier-Villars, 1903; 2e édit. augmentée, 1928.
— (II). — *Sur les fonctions représentables analytiquement.* — *Journal de Mathématiques*, 1905, p. 139-219.
LÉVY P. (I). — *Sur le principe du tiers exclu.* — *Revue de Méta.*, 1926, p. 253-258.
— (II). — *Critique de la logique empirique.* — *Ibid.*, 1926, p. 545-551.
LÖWENHEIM L. (I). — *Über Möglichkeiten im Relativkalkül.* — *Math. Ann.*, t. 76 (1915), p. 447-470.
LUKASIEWICZ et TARSKI (I). — *Untersuchungen über den Aussagenkalkeül.* — *C. R. Soc. Sc. et Lettres de Varsovie*, cl. III, 1930, p. 30-50.
LUSIN N. (I). — *Leçons sur les ensembles analytiques.* — Paris, Gauthier-Villars, 1930.
— (II). — *Sur les suites stationnaires.* — Paris, Hermann, 1934.
— (III). — *Sur les ensembles analytiques nuls.* — *Fundamenta Math.*, t. 85 (1935), p. 109-131.
MIRIMANOFF D. (I). — *Les antinomies de Russell et de Burali-Forti et le problème fondamental de la théorie des ensembles.* — *Enseign. Math.*, t. 19 (1917), p. 37-52.
— (II). — *Remarques sur la théorie des ensembles et les antinomies cantoriennes.* — (I), *ibid.*, t. 19, p. 209-217, (II), *ibid.*, t. 21, p. 29-52.
VON NEUMANN J. (I). — *Eine Axiomatisierung der Mengenlehre.* — *Journ. f. Math.*, t. 154 (1925), p. 219-240.
— (II). — *Zur Hilbertschen Beweistheorie.* — *Math. Zeitschr.*, t. 26 (1927), p. 1-46.
— (III). — *Die Axiomatisierung der Mengenlehre.* — *Math. Zeitschr.*, t. 27 (1925), p. 669-752.
— (IV). — *Über die Definition durch transfinite Induktion.* — *Math. Ann.*, t. 99 (1928), p. 373-391.
— (V). — *Über eine Widerspruchsfreitsfrage in der axiomatischen Mengenlehre.* — *Journ. f. Math.*, t. 160 (1929), p. 227-241.
— (VI). — *Die formalistische Grundlegung der Mathematik.* — *Erkenntnis*, t. II (1931), p. 116-121.
PASCH (I). — *Vorlesungen über neuere Geometrie.* — 1re édit. Leipzig, 1882 ; nouv. édit. in Pasch u Dehn.
PASCH u. DEHN (I). — *Vorlesungen über neuere Geometrie.* Berlin, Springer, 1926.
PEANO (I). — *Arithmetices principia nova methodo exposita.* Augustae Taurinarum 1889.
PÉTER ROSA (I). — *Über den Zusammenhang der Begriffe der rekursiven Funktionen.* — *Math. Ann.*, t. 110 (1934), p. 612.
— (II). — *Konstruktion nicht-rekursiver Funktionen.* — *Math. Ann.*, t. III (1935), p. 43.
PRESBURGER M. (I). — *Über die Vollständigteit eines gewissen Systems der*

Arithmetik ganzer Zahlen in welchem die Addition als einzige Operation hervortritt. — *C. R. du 1er Congrès des Math. des Pays Slaves. Varsovie*, 1930, p. 92-101.

QUINE (I). — *A Systeme of Logistic.* — Harvard Universited Press, 1934.

RAMSEY (I). — *The foundations of mathematics and other logical essays.* — Londres, 1931.

RUSSELL B. (I). — *Introduction à la philosophie mathématique*. Trad. M. Moreau, Paris, Payot, 1928.

V. aussi Whitehead and Russell.

SCHRÖDER E. (I). — *Vorlesungen über die Algebra der Logik.* — 3 vol. Leipzig, 1890-1905.

SIERPINSKI (I). — *L'hypothèse du continu.* — Monografje Matematyczne Warszawa, 1934.

— (II). — *Sur une hypothèse de M. Lusin.* — *Fund. Math.*, t. 25 (1935), p. 132-135.

SKOLEM T. (I). — *Logisch kombinatorische Untersuchungen über die Erfüllbarkeit oder Beweisbarkeit mathematischer Sätze...* — *Vid. Skap Skr.*, 1920, n° 20, Kristiania.

— (II). — *Begründung der elementaren Arithmetik durch die rekurrierende Denkweise ohne Anwendung scheinbarer Veränderlichen mit unendlichem Ausdehungsbereich.* — *5e kongr. Skandin. Math. Helsingfors*, 1922, p. 217-232.

— (III). — *Über einige Grundlagenfragen der Mathematik.* — *Skr. Norke Vid. Akad. in Oslo*, 1929, n° 4.

STOLZ O. (I). — *Vorlesungen über allgemeine Arithmetik*. Leipzig, Teubner, 1885-1886.

TARSKI A. (I). — *Sur les ensembles finis.* — *Fund. math.*, t. 6 (1925), p. 45-95.

— (II). — *Einige Betrachtungen über die Begriffe der ω-Widerspauchsfreiheit und der ω-Vollständigkeit.* — *Monatshefte f. Math. u. Physik*, t. 40 (1933), p. 97-112.

— (III). — *Der Wahrheitsbegriff in den formalisierten Sprachen.* — *Studia philosophica*. Leopoli, 1935.

— (IV). — *Grundzüge des Systemenkalküls.* — *Fund. Math.*, t. 25 (1935), p. 503-526 et t. 26 (1936), p. 283-301.

VEBLEN O. (I). — *A system of axiomes for geometry.* — *Trans. of the Amer. Math. Soc.*, t. 5 (1904), p. 343-384.

VERONESE G. (I). — *Fondamenti di Geometria*. Padova, 1891.

WEYL H. (I). — *Das Kontinuum.* — Leipzig, 1918, nouv. édit., 1932.

— (II). — *Der circulus vitiosus in der heutigen Begründung der Mathematik.* — *Jahresber. d. deutsch. Math. Vereinig.*, t. 28 (1912), p. 85-92.

— (III). — *Über die neue Grundlagenkrise der Mathematik.* — *Math. Zeitschr.*, t. 10 (1919), p. 39-79.

— (IV). — *Randbemerkungen zu Hauptproblemen der Mathematik.* — *Math. Zeitschr.*, t. 20 (1924), p. 131-150.

— (V) *Philosophie der Mathematik und Naturwissenschaft.* — *Handbuch d. Philosophie*, Abt. II, Heft I, München u Berlin, 1927.

WHITEHEAD and RUSSELL (I). — *Principia mathematica.* — Cambridge, 3 vol., 1re édit., 1910 ; 2e édit., 1925-1927.

WIENER H. (I). — *Grundlagen und Aufbau der Geometrie.* — *Jabresb. d. deutsch. Math. Verein.*, t. 1 (1891).

WITTGENSTEIN (I). — *Tractatus logico-philosophicus*, with an introd. by Russell, London, 1922.

ZERMELO E. (I). — *Beweis dass jede Menge wohlgeodnet werden kann.* — *Math. Ann.*, t. 59 (1904), p. 514-516.

— (II). — *Neuer Beweis für die Wohlordnung.* — *Ibid.*, t. 65 (1908).

— (III). — *Untersuchungen über die Grundlagen der Mengenlehre.*

— (IV). — *Grundlagen einer allgemeinen Theorie der mathematischen Satzsystemen.* — *Fund. math.*, t. 25 (1935), p. 136-146.

Index

G

H

I

K

L

M

N

Table des matières

Imprimé en France par
LIGHTNING SOURCE
www.lightningsource.fr

Printed in Dunstable, United Kingdom

91224061R00118